U0303588

GOTHIC ARCHITECTURE AND SCHOLASTICISM

ERWIN PANOFSKY

何香凝美术馆·艺术史名著译丛

范景中　主编

哥特式建筑与经院哲学

〔美〕欧文·潘诺夫斯基　著

陈　平　译

商务印书馆
The Commercial Press

Erwin Panofsky

Gothic Architecture and Scholasticism

本书根据修道院出版社［The Archabbey Press］1951年版译出。

商務印書館（上海）有限公司　出品
The Commercial Press (Shanghai) Co. Ltd.

总　序

范景中

　　卡夫卡曾说：通天塔建成后，若不攀爬，也许会得到神的宽宥。这一隐喻，象征了语言交流的隔绝。同样的想法，还让他把横亘的长城与通天塔的垂直意象做了对比。不过，攀爬通天塔所受到的惩罚——"语言的淆乱"，却并未摧毁人类的勇气。翻译就是这种魄力与智慧的产物。

　　7世纪，玄奘（？—664）组织国家译场，有系统翻译佛经，堪称世界文化史上的伟大事件。那时，为了满足信众的需要，印刷术或许已经微露端倪，但译本能广泛传播，最终掀起佛教哲学的神化风宣，还要靠抄书员日复一日的枯寂劳动。20世纪敦煌藏经洞的发现，让人们能够遥想千年前抄书的格局。当年抄书员普普通通的产品，现在都成了吉光片羽。

　　远望欧洲，其时的知识传播，同样靠抄工来临写悠广。但是两个半世纪后的公元909年，开始传出一条消息，说万物的末日即将迫近。这在欧洲引起了极大的恐慌，知识的流动也面临着停断的危险。处在如此岌岌危惧之际，心敬神意的抄书员或许会反问自己，继续抄写这些典籍有何益处，既然它们很快就要烟灭灰飞于最后的审判。

　　他们抄录的书，有一部分就是翻译的著作，是让古典微光不灭的典籍。幸亏抄书员不为 *appropinguante mundi termino*［世界末日将至］的流言所撼动，才让知识最终从中古世纪走出，迎来12世纪的文艺复兴。

　　这些普通的历史常识，让我经常把翻译者和抄书员等量齐观。因为他们的工作都不是原创。有时，欣赏南北朝写经生的一手好字，甚至会觉得翻译者还要卑微。不过，我也曾把一位伟大校书者的小诗改换二字，描绘心目中所敬重的译者—抄工形象：

> 一书逐译几番来，岁晚无聊卷又开。
>
> 风雨打窗人独坐，暗惊寒暑迭相摧。

　　他们危坐于纸窗竹屋、灯火青荧中，一心想参透古人的思想，往往为了一字之妥帖、一义之稳安，殚精竭思，岁月笔端。很可能他们普普通通，只是些庸碌之辈或迂腐之士，但他们毕恭毕敬翻译摹写那些流芳百世的文字，仅此一点，就足以起人"此时开书卷，心魂肃寻常"之感。更何况，若不是他们的默默辛苦，不朽者也早已死掉了。

　　玄奘大师为翻译所悬鹄的"令人生敬"，大概就隐然有这层意思。这也使我们反躬自问：为什么让那些不朽者不朽？我想，答案必定是人言言殊。但最简单最实在的回答也许是，如果没有他们，我们的生活就少了一个维度，一个叫作时间的维度；它一旦阙如，我们就会像是站在荒漠的空旷之野，前面是无边的茫茫，身后是无边的黯黯。

　　我推测，歌德的几行格言短句表达的也是这个意思：

> Was in der Zeiten Bildersaal
>
> Jemals ist trefflich gewesen
>
> Das wird immer einer einmal
>
> Wieder auffrischen und lesen.
>
> （*Sprüchwörtlich*, II, 420）

　　歌德说，在时间的绘画长廊中，一度不朽的东西，将来总会再次受到人们的重新温习。这几句诗和歌德精心守护文明火种的思想一致，它可以用作翻译者的座右铭。

　　文明的火种，概言之，核心乃是科学和艺术。科学是数学、逻辑的世界，艺术是图像、文字的世界。撇开科学不谈，对艺术的研究，尤其对艺术史的研究，说得大胆一些，它代表了一种文明社会中学术研究的水平，学术研究的高卓与平庸即由艺术史显现。之所以论断如此，也许是它最典型代表了为学术而学术的不带功利的高贵与纯粹。而这种纯粹性的含量，可以用来测试学术的高低。王国维先生谈起他羡慕的宋代金石学也是这样立论的：

> 赏鉴之趣味与研究之趣味，思古之情与求新之念，互相错综。此种精神于当时之代表人物苏轼、沈括、黄庭坚、黄伯思诸人著述中，在在可以遇之。其对古金石之兴味，亦如其对书画之兴味，一面赏鉴的，一面研究的也。汉唐元明时人之于古器物，绝不能有宋人之兴味。故宋人于金石书画之学，乃陵跨百代。近世金石之学复兴，然于著录考订，皆本宋人成法，而于宋人多方面之兴味反有所不逮。（《王国维遗书》，第三册，上海书店出版社，第718页）

观堂的眼中，金石学属于艺术史。金石器物就像书画一样，最易引牵感官的微睇纤末，带起理性的修辞情念。宋代的学术之所以高明，正在艺术兴味的作用。陈寅恪先生也是同一眼光，他评论冯友兰的哲学史，说过类似的意见，《赠蒋秉南序》也赞美"天水一朝之文化，为我民族遗留之瑰宝"。

追随这些大师的足迹，我们不妨发挥几句：一个文明之学术，反映其势力强盛者在科学技术；反映其学术强盛者在艺术研究，鉴赏趣味与研究趣味的融合，最典型则是艺术史的探索。这是将近两百年来世界学术发展的趋势，现代意义的艺术史著作、鲁莫尔的《意大利研究》[Italienische Forschungen]（1827—1832）可作其初始的标记。它出版后，黑格尔不失时机引用进了《美学讲演录》。

恰好，鲁莫尔［Carl Friedrich von Rumohr］（1785—1843）也是一位翻译家，是一位为学术而学术、不计名利、不邀时誉的纯粹学人。他研究艺术史出于喜爱，原厥本心，靠的全是个人兴趣。Character calls forth character［德不孤，必有邻］。参与这套艺术史经典译丛的后生学者，不论是专业还是业余，热爱艺术史也都是倾向所至，似出本能。只是他们已然意识到，社会虽然承平日久，可学术书的翻译却艰难不易,尤其周围流行的都是追钱追星的时尚,就更为不易。这是一个学术衰退的时期,翻译者处于这种氛围,就不得不常常援引古人的智慧,以便像中古的抄书员那样,在绝续之交,闪出无名的、意外的期待。1827年7月歌德给英格兰史学家卡莱尔[Thomas Carlyle]写信说:

> Say what one will of the inadequacy of translation, it remains one of the most important and valuable concerns in the whole of world affairs.[翻译无论有多么不足,仍然是世界的各项事务中最重要最有价值的工作。]

他是这样说,也是这样做的。我们看一看汉斯·皮利兹[Hans Pyritz]等人1963年出版的《歌德书志》[Goethe-Bibliographie],翻译占据着10081—10110条目,约30种之多,语言包括拉丁语、希腊语、西班牙语、意大利语、英语、法语、中古高地德语、波斯语以及一些斯拉夫语。翻译一定让歌德更为胸襟广大、渊雅非凡,以至提出了气势恢宏的Weltliteratur[世界文学]观念。他的深邃弘远也体现在艺术研究上,他不仅指导瑞士学者迈尔[Johann Heinrich Meyer](1760—1832)如何撰写艺术史,而且自己也翻译了艺术史文献《切利尼自传》。

歌德对翻译价值的启示,我曾在给友人的短信中有过即兴感言:

> 翻译乃苦事,但却是传播文明的最重要的方式;当今的学术平庸,翻译的价值和意义就更加显著。翻译也是重要的学习方式,它总是提醒我们,人必犯错,从而引导我们通过错误学习,以至让我们变得更谦虚、更宽容也更文雅,对人性的庄严也有更深至的认识。就此而言,翻译乃是一种值得度过的生活方式。(2015年5月29日)

把翻译看为一种值得度过的生活方式,现在可以再添上一种理由了:人活在现象世界,何谓获得古典意义上的autark[自足],难道不是把他的生命嵌入艺术的律动?翻译这套书也许正是生命的深心特笔,伴着寒暑,渡了春魂,摇焉于艺术的律动。这律动乃是人类为宇宙的律动增美添奇的花饰绮彩。

本丛书由商务印书馆与何香凝美术馆合作出版；书目主要由范景中、邵宏、李本正、黄专和鲍静静拟定，计划出书五十种；选书以学术为尚，亦不避弃绝学无偶、不邀人读的著作，翻译的原则无他，一字一句仿样迻写，唯敬而已。

草此为序，权当嚆引，所谓其作始也简，其将毕也必巨也。

欧文·潘诺夫斯基（1892—1968）

中译者前言

一

　　潘诺夫斯基这本著名的小册子是20世纪精神史（观念史）最重要的作品之一。此书的主旨是探讨哥特式建筑与经院哲学之间的相互关系，即艺术与哲学、图像与思想之间的关系。贡布里希曾在悼念潘氏的文章中指出："思想与图像、哲学与风格之间的关联，这是一个难题，远远超出了图像志的界限。"①破解这一难题正是潘氏毕生的追求，也是他创立现代图像学的出发点。

　　潘诺夫斯基的这一学术路向可以追溯到早年《理念》等一系列论文的写作，与瓦尔堡［Aby Warburg］的传统有着密切的关系，那时他在汉堡开始构筑美术史的哲学基础。潘氏1892年3月30日出生于德国北部城市汉诺威，曾在中世纪艺术专家戈尔德施米特［Adolph Goldschmidt］的指导下取得了博士学位（1914年）。1921年，年轻的潘氏进入刚成立的汉堡大学任教，与瓦尔堡的学术圈子建立了密切的联系，同时还受到了汉堡大学另一位伟大学者、新康德主义哲学家卡西尔［Ernst Cassirer］的影响。在当时的德语国家美术史界，瑞士美术史家沃尔夫林［Heinrich Wölfflin］已经出版了他的名著《美术史的基本概念》（1915年），提出了风格自律发展的观点；李格尔［Alois Riegl］出版了他

---

① E. H. Gombrich, "Erwin Panofsky (30th March 1892–14th March 1968)", *The Burlington Magazine*, vol. 110, no. 783 (Jun., 1968), p. 356.

的名著《罗马晚期的工艺美术》（1901年），提出了"艺术意志"的概念，将风格演变现象与"世界观"的变化联系起来。李格尔的这一观念在德国很盛行，可以追溯到黑格尔。从潘氏的第一篇理论文章《论造型艺术的风格问题》（1915年）中可以看出，他继承了这一思想传统，并试图加以改造，将风格的各种范畴与先验的思想范畴挂起钩来。在此文中，他对沃尔夫林的形式自律发展的观念提出了批评，要超越简单的风格时期和形式分析的研究方法，创立一种宏观的、统一的、有效的文化史阐释方法。1923年，他发表了与瓦尔堡的弟子扎克斯尔［Fritz Saxl］合作的论丢勒《忧郁》的研究成果；一年后出版了经典的《理念》（1924年）一书，追溯了艺术观念史的发展进程，从古代到文艺复兴、手法主义和古典主义；又一年，发表了《作为象征形式的透视》（1925年），探讨不同的艺术观念是如何导致了不同空间构成方式的；后来他又在《十字路口的海格立斯》（1930年）一书中，探讨了这一古代艺术表现主题在基督教艺术中幸存下来并产生的变化，读解出各种哲学观念的折射和变迁。

　　1931年，在纽约大学艺术研究院第一任院长库克［W. S. Cook］的邀请下，潘诺夫斯基第一次到了美国，两年后便永久移居美国。库克曾说："希特勒是我最好的朋友，他摇树，我接果子。"潘氏在移民美术史学者中是最优秀的，这片土地为他提供了施展才华的广阔天地。用他自己的话来说，他是"被流放到了天堂"。潘氏迅速摆脱了德国学术深奥艰涩的传统，他学识渊博、语言机智幽默，很快赢得了广泛的赞扬。开始时，他在纽约大学和普林斯顿大学任教，1935年，在莫里［Charles R. Morey］的力荐下，他进入了普林斯顿高级研究院。到美国之后，他便只用英文发表东西，这一点对他以及对西方美术史学都很重要。他对英语国家美术史做出了如此巨大的贡献，以至生前好友在他去世时写道："假如他一直待在德国，英语世界美术史写作的损失将无法估量。"①

_____

① Rensselaer W. Lee, "Erwin Panofsky", *Art Journal*, vol. 27, no. 4 (Summer, 1968), p. 368.

　　在潘氏50多年的学术生涯中，前期在德国20年所奠定的基础决定了他后30多年在美国的辉煌学术成就。1931年他在布林莫尔发表的系列讲座是一个重要的契机，后来在1939年出版，题为《图像学研究》。这是他对现代学术做出的最伟大贡献，其主旨是让"古代在记忆中长存"，并提出图像学是美术史的一个分支。传统图像志局限于对艺术作品题材进行记录、研究和描述，而现代图像学着眼于揭示作品母题的内在意蕴，它不仅是一种可操作的研究方法，也是一种思维方式，要求研究者具有广博的历史知识、强有力的记忆和对古今语言的熟练把握。从潘氏在美国30多年的著述中，我们仍可看出瓦尔堡的传统，即古典图像资源在中世纪的变迁，以及意大利文艺复兴对古典母题的重新整合。瓦尔堡将中世纪晚期和早期文艺复兴作为图像学方法的试验田，而潘氏则拓展到了中世纪盛期、文艺复兴盛期、巴洛克和古典主义时期，研究范围涵盖了德国、法国、尼德兰和意大利。

　　对风格与哲学、图像与观念之间关系的探索，促使他发表了一部又一部脍炙人口的作品，而图像学方法的运用则极大地丰富了这些作品的内容。《阿尔布雷希特·丢勒》（1943年）一书不但详尽描述了艺术家的版画技巧，也为我们揭示了丢勒作品的精神含义，这或许是20世纪写得最棒的艺术家专论；《修道院院长叙热论圣德尼教堂及其艺术珍宝》（1946年）是他对中世纪美术史与文化史的一大贡献，而几年之后的《哥特式建筑与经院哲学》（1951年）则深化了这一研究，直接诉诸艺术风格与哲学观念之间关系的难题；两年后他又出版了《早期尼德兰绘画》（1953年），该书让人们相信，如果不对作品含义进行研究，便无从对风格的发展进行解释；《西方艺术中的文艺复兴与历次复兴》（1960年）通过研究古典母题与形式在后世的运用与变迁，对文艺复兴艺术提出了独到的观点，捍卫了文艺复兴风格的概念。潘氏在半个多世纪的学术生涯中所发表的著述，据去世时统计，共18本书，80篇文章，不少文章是成书的规模，且论题范围极其广泛。①

---

① Rensselaer W. Lee, "Erwin Panofsky", p. 368.

潘氏的重要文集《视觉艺术中的意义》（1955年）的出版，使更多的人领略到了他的学术观点和语言风格。尤其是第一篇文章《作为人文学科的美术史》，显现了一位胸襟博大的现代人文学者对人文主义的深刻理解和高远眼光。在他看来，人性有两种截然不同的含义，第一种源自人类与低于人类之生物的对比，将智慧高雅的人性与野蛮的人性以及动物区分开来，这种概念产生于古代；第二种含义源自人类与高于人类的神灵的对比，将有缺陷的、短暂无常的人性与无限的、完美的神性区分开来，这种概念产生于中世纪。文艺复兴时期对于人类的新兴趣，其基础就是人性—野蛮性概念的复活以及人性—神性概念的流传。人文主义的概念正是从这两种人性的矛盾概念中诞生的。人文主义者坚持人的价值，同时也承认人的局限，这就引出了"责任"与"宽容"的概念。责任来自作为人的价值，而宽容则基于人类的局限。潘氏推崇伊拉斯谟为最杰出的人文主义者，反对决定论者和独裁主义者。在此文中，潘氏还将人类生活分为两类，一类是"行动的生活"，一类是"沉思的生活"，他向往沉思的生活，认为这是美术史家应该过的生活。他明确指出，美术史属于人文主义学科，它的任务就是研究往昔。为什么要研究往昔？因为我们对现实感兴趣："为了把握现实，我们必须摆脱现在。"所以不难理解，除了电影之外，绝大多数20世纪艺术都没能吸引他的注意力，他觉得这些艺术脱离了传统，缺少复杂性和丰富性，不能激发真正学者的探究力量。在人们的心目中，潘氏并非德国式的学究，他始终对任何事物都抱有好奇心，对包括当代生活在内的任何话题都感兴趣，并会发表幽默的评论，但骨子里却是个传统的人文主义者，忠诚于他所说的"the old things"［旧的事物］。潘氏通晓希腊文和拉丁文，能以拉丁文写作和交谈。他认为，美术史家的任务就是所有历史学家的基本任务，即研究与保存往昔的遗产。

二

1846年，一位来自巴伐利亚的德国僧侣博尼法斯·温默［Boniface Wimmer］

在宾夕法尼亚州的拉特罗布建起了圣味增爵大修道院［Saint Vincent Archabbey］，这是北美第一座本笃会修道院，位于匹兹堡东南40英里［约64千米］。温默和他的继承者以此修道院为中心，传播福音，开办学校，并直接或间接地建起了若干座本笃会大修道院。一百年之后，为纪念这位伟大的创始人，修道院开办了以温默命名的讲座［Wimmer Lecture］，其宗旨是研究本笃会的文化遗产及其对人类历史做出的卓越贡献。第一位演讲者是哈佛大学的法国中世纪建筑专家肯尼斯·科南特［Kenneth J. Conant］，一年之后，潘诺夫斯基应邀发表了题为《哥特式建筑与经院哲学》的演讲，之后出版了这本小册子，并被翻译成几乎所有的欧洲语言，广泛传播。

潘氏此文的主旨，是要将中世纪盛期的哥特式建筑与同一时期的经院哲学进行对比，以证明无论是哥特式建筑还是经院哲学，都在一种共同的"精神习性"的控制下，创造了相类似的风格特征。潘氏对这种研究的风险是很清楚的，因为在某个特定时期，造型艺术的各个门类之间，以及在艺术与哲学、文学、音乐等文化门类之间，会出现某种共同的风格，即所谓的平行现象。这是不证自明的，如果只是简单反复地描述这些现象，便落入"平行论"的窠臼；要想进行有效的论证，不但要精通哥特式建筑的结构与术语，而且还要掌握中世纪经院哲学的理论体系和思想史知识，这就意味着要跨越学科的边界去冒险。所以潘氏在文章的开头便预料到："眼下这另一次将哥特式建筑与经院哲学联系起来的没有把握的尝试，必定会招来美术史家和哲学家质疑的目光，这也就不足为怪了。"此书出版之后受到了广泛的欢迎，的确有一些质疑之声，但很快便淹没在了赞赏声中。他的冒险之旅给人们展示了一番别样的风景，令人耳目一新，尤其是对美术史家和建筑史家而言。加州伯克利大学中世纪建筑史家博尼［Jean Bony］在书评中写道："这是一本值得赞赏的小书，从头至尾都贯穿着优雅的精神气质和精确性，即便仅从技术的观点来看，也是一个范例。由于此书所讨论的问题极其复杂，则愈加体现了作者这些品质的可贵。没有人能在中世纪思想史和美术史这两个领域中轻松自如地冒险，对这两者进行深层次的协调处理，而潘诺夫斯基教授以如此锐利的洞察力和明晰的表述做到了这一点，可以说他立于西方人文主义的伟大传统之中。"①

　　从篇幅和构成形式上看，此书实际上是一篇长文，分为五个部分。这种体例似乎是潘氏惯常爱用的论文形式。在短短的导言中，他简明扼要地提出了本文的主旨，点明了中世纪思想与艺术之间明显的平行发展现象。在第一章中，他对所讨论的时空范围做了限定：时间为一个半世纪，即1130年至1270年；地点为巴黎周边100英里［约161千米］范围。在这时空范围之内，经院哲学支配着精神气候，哥特式建筑在此影响下创造出了它的古典形式。从起源来说，经院哲学和哥特式建筑是在同一时间、同一地点诞生于同一座教堂中，即叙热［Suger］的圣德尼［Saint-Denis］大修道院教堂。哲学与建筑的一致性令人惊讶，没有人会说这只是偶然的巧合。这就为论证的有效性做了有力的铺垫。在第二章中，潘氏超越了一般的平行论，发现了一种"真正的因果关系"，即一种支配着哲学与建筑的"精神习性"［mental habit］，影响了这两者的形式构成。他深入到了具体的时代情境中，分析了建筑师受这种精神习性影响的种种渠道。在第三章中，潘氏将这种精神习性具体化，总结出经院哲学的两条最基本的写作原则：一是"**显明**"［*manifestatio*］，一是"**调和**"［*concordantia*］。"显明"就是利用人类理性来阐明信仰，要尽可能条分缕析，使论证井然有序，使人一目了然。这条基本原理又有三项要求：一是总体性，即充分列举；二是各部分安排成同一序列体系，即对内容进行充分的划分和再分；三是清晰且推论具有说服力，即充分展示各部分的关联性。在第四章中，潘氏对于这条基本原理及其三项具体要求展开具体论述。在13世纪，这种"显明"的精神习性在各个领域均可看到：在科学方面有医学论文，在历史方面有传记，在文学方面有但丁的《神曲》，在哲学方面有托马斯的《神学大全》，在音乐方面有巴黎学派的记谱法，在绘画和雕塑方面也有抄本绘画和主教堂入口装饰布局为证。不过，"正是在建筑领域中，阐明的习性取得

① 　Jean Bony, "*Gothic Architecture and Scholasticism* by Erwin Panofsky", *The Burlington Magazine*, vol. 95, no. 600 (Mar., 1953), p. 111.

了最伟大的胜利"。潘氏的论证之所以令人信服，就在于他将经院写作的一系列术语，一一对应于哥特式建筑的布局和构件。在经院写作中，将内容划分为卷、章、节、小节并进行再分；在建筑中，则将建筑结构划分为中堂、侧堂、耳堂和后堂等，再进行细分，直到花窗、暗楼、支柱、装饰线脚。潘氏提醒我们，这条原理虽然导致经院哲学的文章"为显明而显明"，这种不必要的形式主义也备受后人嘲笑，但我们现代人写文章时划分章节和引证的做法，正是继承了经院哲学的这一传统。

　　在最后一章中，潘氏阐述了经院写作的第二条原理，即**"调和"**。他首先特别说明，第一条"显明"的原理可以解释哥特式建筑所呈现出来的总体效果，而这第二条原理"调和"则有助于我们理解哥特式建筑的创造过程。"调和"指的是，经院哲学家在面对往昔神学权威言论时，必然会发现有诸多不一致的地方，他们的任务就是要对权威教诲的矛盾之处进行调和，比如必须将圣奥古斯丁的教诲与圣安布罗斯的言论调和起来。建筑师也面临着往昔的传统，他们的主要任务也不是"创新"，而是根据当时当地的需要，对往昔建筑方案可能出现的矛盾进行调和，以获得视觉上的统一性。在这里，潘氏同样利用了经院写作的惯例来解释建筑上的处理。在经院写作和答辩中形成了这样一种程式，即对每个问题的讨论分三步进行，开始时要列出一系列权威言论（**列举诸说**……），接着要将这些言论与其他权威言论相对照（**进行对比**……），最后做出回答（**回答上述说法**……）。对应于这一程序，潘氏选出三种哥特式建筑母题进行分析，即立面上的玫瑰花窗、高侧窗下的墙壁以及中堂墩柱的造型。最后，他以中世纪唯一幸存下来的维拉尔的那本著名"画本"以及上面的一段题记为证，说明了建筑设计的形成也是经院哲学好"辩论"之精神习性的产物。

三

　　关于哥特式建筑风格与经院哲学之间的对应关系，并不是潘氏首先提出来的。早在19世纪，著名的德国建筑师和装饰理论家森佩尔［Gottfried Semper］就曾说过这样一句话："哥特式建筑是石头的经院哲学。"① 这一随性的比喻，在20世纪却引起了美术史家的认真思考。德沃夏克精神史学派的学者维利·德罗斯特［Willi Drost］提出了这样的问题：如果说哥特式风格对应于经院哲学，那罗马式建筑对应于什么样的哲学？② 他在11世纪哲学中寻找到了罗马式建筑的对应物，即坎特伯雷的安瑟伦有关上帝存在的本体论证明，以及它的哲学基础——柏拉图主义。这样，罗马式建筑体现了前经院哲学和柏拉图主义，哥特式建筑则体现了经院哲学和亚里士多德主义。潘诺夫斯基的这部著作是第二次将哥特式建筑与经院哲学进行类比的尝试，但无疑更胜一筹。他们分析的一个明显区别在于，德氏是拿哲学含义与建筑形式进行类比，即用前经院哲学和经院哲学的基本含义与罗马式建筑和哥特式建筑的形式进行的类比；而潘氏则只是着眼于形式之间的类比，即用经院哲学的形式与哥特式建筑的形式做比较，使类比具有了一致性，也更加令人信服。因为哲学与建筑的当下目的是完全不一样的，在内容或含义的层面上是不可比的。潘氏的分析强调了经院哲学家的写作形式，就像哥特式一样，是基于对论述内容的划分和再分，而哲学与建筑的共有特征就是形式层面上的"自我分析"和"自我说明"。他的直接证据就是经院哲学的一套术语，以此对盛期哥特式建筑的特征进行描述，这正是他的文章的机智与巧妙之处。

　　潘氏的这本书对哥特式建筑的历史阐释做出了重要贡献，成为后人理解哥特式建筑的新起点。科南特和弗兰克尔［P. Frankl］等西方当代顶级哥特式建筑史家对此书做出了很高的评价，同时也就某些具体问题提出了中肯的意见。③ 波德罗［M. Podro］、克莱因鲍尔［W. Eugene Kleinbauer］等作家在他们的

---

① Gottfried Semper, *Der Stil in den technischen und tektonischen Künsten* (Munich, 1860–1863) 2nd ed. (1878): xx and 475n. 转引自 Paul Frankl, *Gothic Architecture*, Yale University Press, 2000, p. 295。

② Willi Drost, *Romanische und gotische Baukunst* (Potsdam, 1944), p. 5. 转引自 Paul Frankl, *Gothic Architecture*, p. 295。

③ 参见 Paul Frankl, *Gothic Architecture*, pp. 295–297。关于书评，参见 Kenneth John Conant, *Speculum*, vol. 28, no. 3 (Jul., 1953), pp. 605–606; Jean Bony, *The Burlington Magazine*, vol. 95, no. 600 (Mar., 1953), pp. 111–112; Harry Bober, *The Art Bulletin*, vol. 35, no. 4 (Dec., 1953), pp. 310–312; 等等。

著作或文章中对此书的主要观点进行了介绍。① 贡布里希认为此书是黑格尔的精神史在美术史中最后的也是最精致的一个成果。②

潘氏的著作知识宏富，逻辑严密，豁达睿智，机智幽默。读懂他的书不是件易事，翻译更难。书中正文和注释中夹杂着大量拉丁文术语和段落，像是拦路虎，这可能也是至今他著作的汉译本不多的原因。本人出于对美术史学和中世纪艺术的浓厚兴趣，便委托牛津大学博士邓菲女士在英国购得原书，反复阅读，爱不释手，决定将它翻译出来。篇幅虽不长，但也用了一年时间，其间几易其稿。也正是在翻译此书的过程中，我们邀请上海大学文学院的肖有志老师来我的工作室讲授拉丁文。如今一年过去了，此书译事告竣，我们的拉丁文班已经学完了初级课程，肖博士也准备去牛津大学做为期一年的访问学者。对于我这个初学者来说，自然不可能解决书中所有拉丁文问题。所以在此我要感谢肖博士热情无私的帮助，同时也要感谢中国艺术研究院的王端廷先生，他帮助解决了书中的意大利语翻译问题。

中文版正文和注释中，凡出现重要的拉丁文术语，为了"显明"，均印为黑体字。各界专家学者，若发现译文术语有误，敬请指出，以便日后改进。我的体会是，潘氏的文字，不仅可使我们在知识和学术上受益，同时本身也是可以反复欣赏的"艺术作品"。

2010年8月于上海大学

本书是笔者十年前根据美国修道院出版社［The Archabbey Press］1951年版讲座单行本译出，由于潘氏著作的版权殊难取得，联络数年无果，只得将译稿压在箱底至今（正文部分曾发表于《新美术》杂志）。今潘氏著作版权已

---

① W. Eugene Kleinbauer, "Geistesgeschichte and Art History", *Art Journal*, vol. 30, no. 2 (Winter, 1970–1971), pp. 148–153; M. Podro, *The Critical Historians of Art*, Yale University Press, 1982.

② E. H. Gombrich, *In Search of Cultural History*, the Philip Maurice Dencke Lecture, 1967, Oxford University Press, 1969; *The Sense of Order: A Study in the Psychology of Decorative Art*, Phaidon Press, 1979.

然进入公有领域，感谢丛书主编范景中先生和商务印书馆上海分馆总编辑鲍静静女士将此稿纳入"何香凝美术馆·艺术史名著译丛"出版。以上译者前言也是当年撰写的，此次发稿未做改动，而正文部分则进行了重译和反复校对。

对于大多数读者而言，此书的阅读可能存在相当难度，主要是因为涉及众多经院哲学家以及建筑学术语。关于中世纪经院哲学家与神学家的生平与思想，本译本未给出注释，读者可参阅唐逸先生的《理性与信仰》一书；关于哥特式建筑术语，则以脚注的形式做了简短的解释，希望能对理解原文有所助益。为便于查阅，书后编制了人名与建筑术语《译名对照表》。

谨记。

陈　平

2020年4月于上海大学

目　录

序　言　……本笃会修士布鲁诺 ——— *1*

哥特式建筑与经院哲学 ——— *5*
　　一 ——— *6*
　　二 ——— *14*
　　三 ——— *16*
　　四 ——— *20*
　　五 ——— *31*

注　释 ——— *43*
延伸阅读 ——— *51*
译名对照表 ——— *53*
图版目录 ——— *57*
图　版 ——— *61*

序　言

1948年12月，潘诺夫斯基在圣味增爵学院［Saint Vincent College］发表了第二年度温默讲座。这是一个别开生面的系列讲座，始于1947年，首位演讲者是哈佛大学的肯尼斯·科南特。举办这个系列讲座，是为了纪念圣味增爵大修道院奠基人博尼法斯·温默（1809—1887年）。24年来，在每年的12月8日温默的祭日这一天或前后，像马里坦［Jacques Maritain］和埃利斯阁下［Monsignor John Tracy Ellis］这样的学者便前来发表温默讲座。每次讲座都出版一本册子，这已成惯例。美国圣经考古学家协会会长奥尔布赖特［William Foxwell Albright］、英国最优秀的历史学家道森［Christopher Dawson］，也都曾做过温默讲座。奥尔布赖特对自己的讲稿做了扩充，并收入他的论文集《历史、考古学和基督教人文主义》［History, Archaeology, and Christian Humanism］（1964年）一书。道森修订了准备出版的讲座稿，但不幸辞世，所以他的讲座稿仍是打印稿。潘诺夫斯基的讲座自1951年出版以来，已译成多种语言，此次是英文版的重印。

潘诺夫斯基1892年出生于德国汉诺威，先后求学于柏林、慕尼黑和弗赖堡，于1914年在弗赖堡获得博士学位。在1921年至1933年间，他任教于新成立的汉堡大学，在那里他因追求学术完美和机智幽默而闻名。他曾在自撰的墓志铭中戏言："他憎恨小孩、园艺和鸟类，但热爱少数成年人、所有的狗和语词。"［He hated babies, gardening, and birds; But loved a few adults, all dogs, and words.］他常说，小孩应从眼前消失，直到他们能读拉丁文。潘诺夫斯基撰写了关于丢勒［Albrecht Dürer］和莱奥纳尔多·达·芬奇［Leonardo da Vinci］的学术著作，不时还研究电影艺术。他是一个电影迷，他关于基顿［Buster Keaton］和其他早期艺术大师的论文，打开了一个新的领域。此外，潘诺夫斯基沉溺于凶杀之谜，其证据可以在他的温默讲座中见出。

1931年秋季学期，潘诺夫斯基执教于纽约大学。1933年，希特勒成立了军事化的社会主义政府，潘诺夫斯基接到了一封来自德国的电报，通知他在汉堡大学的教职已被革除。德国的所有犹太学者都被解除了职务。两年后，潘氏接受了普林斯顿高级研究院的职位，他成了该院托马斯·曼［Thomas Mann］和爱因斯坦［Albert Einstein］等移民学者的同事。

潘诺夫斯基在圣味增爵学院发表演讲时，已是普林斯顿一位令人尊敬的人物，刚从哈佛讲学一年返回。在20世纪50年代和60年代，他的荣誉接踵而来。他的学友们为他编了两卷本的纪念文集［festschrift］，世界各地的大学，从乌普萨拉［Uppsala］到哥伦比亚［Columbia］，纷纷授予他荣誉博士学位。他被选为美国哲学协会会员，被任命为美国中世纪学会的通讯会员。从高级研究院退休之后，他再次任教于纽约大学，执掌莫尔斯［Samuel F. B. Morse］艺术人文教授席位。1968年3月，他在普林斯顿去世，两周之后便是他的76岁生日。1993年10月，高级研究院召开了一个座谈会，纪念他一百周年诞辰。

潘诺夫斯基的温默讲座《哥特式建筑与经院哲学》填补了中世纪研究领域的一个空白。他对自己的成果感到沮丧，但同事们却兴高采烈。他在前言中说，"眼下这另一次将哥特式建筑与经院哲学联系起来的没有把握的尝试，必定会招来美术史家和哲学家质疑的目光"。

同时，温默讲座的版权所有者圣味增爵大修道院需要不停地重印潘诺夫斯基的讲座稿，这些重印本常常被译成其他语言。除了英语外，它被译成了法语、德语、匈牙利语、挪威语、波兰语、葡萄牙语、罗马尼亚语和西班牙语刊行，最近又被译成保加利亚语出版。子午线图书出版社［Meridian Books］于1957年

（后来又在1976年）发行了平装本，使它在英语世界得到了更广泛的传播。

人们或许会问，这份发表于一所小型人文学院的访问讲座稿，为何会以几乎所有的欧洲语言持续刊行半个多世纪？人们完全可以问这是为什么。毕竟，人类持续不断的努力——一幅圣像画、一座主教堂、一个观点——深深吸引着潘诺夫斯基。他的《哥特式建筑与经院哲学》要言不烦、精辟深刻，成了中世纪研究的标准著作。他看出了贯穿各个历史时期的统一图式，在这里他追溯中世纪的思想与设计、建筑与哲学的交织线索，他看到了源自人类灵与肉的种种关联，艺术与观念交织在一起。他坚信，在经院哲学论战的黄金时代，考察哥特式风格是很有意思的。其他学者曾看出了这层关系、这种整体性，但没有人能像他这样表述得如此清澈而简洁。

古典学者皆可明察，哲学与文学主要因本笃会僧侣的著作得以幸存下来。潘诺夫斯基指出："经院哲学运动以本笃会的学术为基础，由朗弗朗和贝克的安瑟伦发起，多明我会［Dominicans］和方济各会［Franciscans］继续将它推向前进并使之结出硕果。哥特式风格也是如此，它准备于本笃会修道院中，由圣德尼修道院的叙热发其端，在巴黎这座伟大城市的各教堂中达到了顶峰。"在味增爵岛，潘诺夫斯基遇见了这样一座本笃会修道院，它的创建者博尼法斯·温默来自巴伐利亚，他满怀理想主义，教导他的那些无论是否被授予了圣职的僧侣们："需要是第一位的，其次是实用，最后是美观。"这是一个逐步上升的序列，美是至高无上的，而不是实际工程的后期处理。当然，每位僧侣天天都在处理需要、实用和美观的前后关系，背负他的十字架，跟随着基督。潘诺夫斯基的温默讲座，就是一个人对本笃会基督教人文主义遗产所表达的永久敬意。

本笃会修士布鲁诺［Brother Bruno, O. S. B］①

圣味增爵大修道院

---

① 本笃会修士布鲁诺曾在迪金森学院［Dickinson College］学习古典文学，并在圣味增爵神学院［Saint Vincent Seminary］学习过神学，是一名圣味增爵大修道院的本笃会僧侣、美国中世纪学会会员。

哥特式建筑与经院哲学

历史学家会不由自主地将他的材料划分为"periods"［各个时期］，《牛津词典》恰如其分地将这个词定义为"历史上可区分的各个部分"。既然可区分，那么每个部分就必定包含某种统一性。如果历史学家想验证这种统一性而不只是做出推测，就必须设法找出诸如艺术、文学、哲学、社会及政治潮流、宗教运动之类明显不同的现象之间的内在相似性。这种努力值得赞赏，甚至不可或缺，但也诱导人们去追逐"平行现象"［parallels］，其危险性非常明显。人所能精通的领域相当有限，若想 冒险"越出本行"［*ultra crepidam*］①，就必须依靠那些不完整的、往往是二手的资料。很少有人能抵挡住这样的诱惑，即要么忽略那些非平行发展的线索，要么稍稍使其偏转以契合平行走向。即便是一种真实的平行关系［parallelism］，如果我们不能设想它是如何发生的，也不能真正令我们满意。因此，眼下这另一次将哥特式建筑与经院哲学联系起来¹的没有

---

① **"越出本行"**：此处是意译，*ultra crepidam* 这个拉丁文短语的字面意思是"超出了凉鞋的范围"，完整的拉丁文表述为 *"Sutor, ne ultra crepidam"*［鞋匠，请不要超出凉鞋的范围］。此语用来警告人们不要超越自己的知识范围而妄加评论，典出老普林尼《博物志》（XXXV, 85），说有一个鞋匠找到名画家阿佩莱斯，指出他画的人物穿的凉鞋不对，阿佩莱斯随即做了修改。鞋匠得寸进尺，开始挑起了画中其他毛病来。这时阿佩莱斯奉告他，一个鞋匠不应对鞋子以外的事情妄加评判。——译注

把握的尝试，必定会招来美术史家和哲学家质疑的目光，这也就不足为怪了。

在哥特式建筑与经院哲学之间存在着本质上的相似性这一点暂且不论，它们还发生在同一时间和同一地点，这纯粹的事实明摆着，很难说是出于偶然。这种一致性不容否定，以至研究中世纪哲学的历史学家不受隐秘思虑的左右，径直采用与美术史家完全相同的方式对他们的材料进行分期。

3

一

爱尔兰人约翰［John the Scot］（约810—877年）① 的哲学现象就相当于加洛林艺术复兴，两者同样辉煌，同样出人意料，而且所具备的潜在能量同样很晚才为世人所认知。这两个领域都经历了大约一百年的酝酿，接下来在艺术方面，罗马式艺术呈现出多样化的、相互对立的发展局面，从希尔绍学派［Hirsau school］质朴的平面风格、诺曼底与英格兰严谨的结构主义②，到法国南部与意大利的丰富多彩的原始古典主义［proto-classicism］；在神学与哲学方面，也出现了类似的多元思潮：从毫不妥协的唯信仰论（达米安［Peter Damian］、洛唐巴克的马尼戈［Manegold of Lautenbach］，最后还有圣贝尔纳［St. Bernard］）以及毫不妥协的理性主义

4 （图尔的贝伦加［Berengar of Tours］、洛色林［Roscellinus］），到拉瓦尔丹的希尔德贝特［Hildebert of Lavardin］、雷恩的马尔博［Marbod of Rennes］

---

① **爱尔兰人约翰**：又称John Scotus Eriugena，即约翰·司各特·伊利金纳。在本书中出现的中世纪哲学家与神学家的译名，大抵参照了唐逸先生《理性与信仰》一书中的译名，关于这些学者的生平、哲学思想与神学理论，读者亦可参看此书，不再一一注释。——译注

② **希尔绍学派**：指德国希尔绍修道院及其教堂的早期罗马式风格，受到克吕尼风格的影响。该修道院始建于9世纪上半叶，成为本笃会改革运动中的一个重要学术中心，长达150年之久，后毁于10世纪末。**诺曼底与英格兰严谨的结构主义**：指在10世纪初建立的诺曼底公国境内以及随着1066年征服之后在英格兰建造的为数众多的大型罗马式建筑，其复杂的平面布局、室内的拱顶结构和西端高耸的塔楼等，直接受到克吕尼本笃会教堂建筑的影响，也预示着后来哥特式建筑的发展。——译注

以及沙特尔学派的原始人文主义［proto-humanism］。

朗弗朗［Lanfranc］和贝克的安瑟伦［Anselm of Bec］（前者于1089年去世，后者于1109年去世）做出了勇敢的尝试，他们在解决理性与信仰之间矛盾的基本原理尚未被探讨并制定出来的情况下，就想平息这两者之间的冲突。这项探讨和制定工作最早是由吉尔伯特［Gilbert de la Porrée］（于1154年去世）和阿贝拉［Abelard］（于1142年去世）着手做的。因此，早期经院哲学与早期哥特式建筑均诞生于同一时刻、同一环境中，即它们都诞生于叙热［Suger］的圣德尼［Saint-Denis］大修道院教堂。而这种新的思维方式和新的建筑风格（法兰西式建筑［*opus Francigenum*]）——尽管叙热在提到他的工匠时说，这种风格是由"来自不同国家的众多师傅"带来的，而且很快便发展为真正的国际建筑运动——都源于巴黎周边地区半径不足100英里［约161千米］的范围之内，后来又以这一地区为中心延续了约150年之久。

一般认为，盛期经院哲学肇始于12、13世纪之交，这恰恰是盛期哥特式体系在沙特尔［Chartres］和苏瓦松［Soissons］取得最初胜利的时期。在圣路易［St. Louis］统治时期（1226—1270年），这两个领域都达到了"古典的"［classic］[①]或高潮的阶段。正是在这一时期，涌现出了一批盛期经院哲学家，如哈里的亚历山大［Alexander of Hales］、大阿尔伯特［Albert the Great］、奥弗涅的威廉［William of Auvergne］、圣波纳文图拉［St. Bonaventure］以及圣托马斯·阿奎那［St. Thomas Aquinas］；而盛期哥特式建筑师则有洛普［Jean le Loup］、道尔巴斯［Jean d'Orbais］、卢萨切斯［Robert de Luzarches］、切莱斯［Jean de Chelles］、利贝吉尔［Hugues Libergier］以及蒙泰罗［Pierre de Montereau］。盛期经院哲学与盛期哥特

5

---

① **"古典的"**：classic一词在这里是广义用法，指一种公认的完美标准，与"经典的""卓越的""典范的"同义，区别于特指欧洲古希腊罗马传统的狭义用法。以下出现的classic High Gothic（古典盛期哥特式）也是如此。在美术史上，任何一种创造活动在经历了早期试验阶段之后达到其最完满的状态，都可称为"古典的"，越过了古典阶段便进入它的"巴洛克"阶段。classic（classical，classicism）的这种广义用法16世纪出现于法国，18世纪在英语中流行起来。——译注

6　式艺术分别与其早期阶段形成了鲜明的对照，它们的特性具有显著的相似性。

完全可以这么说，沙特尔主教堂西立面上的早期哥特式人像优雅而有生气，与先前罗马式人像有了明显的区别，这反映了表现人物心理的兴趣在沉睡了若干世纪之后复活了。[2] 但这种心理刻画依然是以圣经的（以及奥古斯丁的）两分为基础："生命气息"［breath of life］与"世间尘土"［dust of the ground］。在兰斯［Reims］和亚眠［Amiens］、斯特拉斯堡［Strassburg］和瑙姆堡［Naumburg］，盛期哥特式雕像更加栩栩如生，尽管还不是肖像；盛期哥特式的动植物装饰也有了自然的表现，尽管还不是自然主义表现。这些都向世人宣告亚里士多德的学说取得了胜利。人类的灵魂在过去被认为是不朽的，现在被看作是构成并统一肉体的基本原理，

7　而不是其中的一个独立实体。人们认为一株植物就是作为植物而存在，而不是对植物之理念的拷贝。人们相信，上帝的存在是可以由其创造物所证明的，而不是不证自明的。[3]

在形式结构方面，盛期经院哲学的"**大全**"［Summa］也不同于11、12世纪那些不完整的、缺少严密结构的，更谈不上完整统一的百科全书和箴言书［*Libri Sententiarum*］，正如盛期哥特式风格不同于它的祖先。实际上，"**大全**"这个词（最初被法学家用作书名）指的是"简短的摘要"［brief compendium］（如默伦的罗伯特［Robert of Melun］于1150年将该词定义为"**逐条的简短总结**"［*singulorum brevis comprehensio*］或"**短言集**"［*compendiosa collectio*］）。这一含义直到12世纪最后几年才改变，指一种既详尽又系统的陈述，从"概要"变成了我们所了解的**大全**。[4] 这种

8　新型大全最早的成熟样本是哈里的亚历山大编撰的《神学大全》［*Summa Theologiae*］，罗杰·培根［Roger Bacon］说它"沉重到一匹马才驮得动"。该书的编撰工作始于1231年，就在这一年，蒙泰罗开始建造圣德尼教堂的新中堂［nave］。

圣路易于1270年去世（如果我们乐意，还可以提一下圣波纳文图拉和

圣托马斯是在1274年去世的），此后的五六十年便是哲学史家所谓的盛期经院哲学的终结阶段，以及美术史家所说的盛期哥特式的终结阶段。在此阶段，各种发展无论多么重要，只是在现存体系渐渐解体中显现出来的，还不是根本的立场转变。无论在精神生活还是艺术生活领域中——也包括音乐，1170年左右音乐界是由巴黎圣母院学派所主导的——我们都可以看到一种去中心化的趋势逐渐发展起来。创造性的冲动从中心移向周边地区：移向法国南部、意大利、德语国家和英格兰。英格兰在13世纪就已表现出一种走向光荣孤立的倾向了。[5]

可以觉察到，人们对于在托马斯·阿奎那著作中业已赢得胜利的理性拥有至高无上综合力量的信念已逐渐减弱，这就导致在"古典"阶段被压制住的某些思潮复活了——这当然是在完全不同层面上的复活——"大全"再次被无系统的、雄心勃勃的著述类型所取代。前经院时期的奥古斯丁主义（除其他主张之外，还声称意志独立于理智）复活了，它十分活跃，与托马斯相对抗。在托马斯去世三年后，他的反奥古斯丁理论遭到了严厉的谴责。同样，"古典"阶段的主教堂形制被抛弃了，转而青睐于另一些无完整体系的、往往略带古风的建筑方案；而在造型艺术领域，我们也可以看出一种复兴前哥特式的趋势，追求抽象的与线性的效果。

"古典"的盛期经院哲学理论，要么僵化为学派的传统，要么在通俗散文中庸俗化了，如《国王概论》[*Somme-le-Roy*]（1279年）和拉蒂尼[Brunetto Latini]的《宝藏集》[*Tesoretto*]；要么被精致化、微妙化到最大限度（这一时期最伟大的代表邓司·司各特[Duns Scotus]，于1308年去世，他的绰号叫作"精微博士"[*Doctor Subtilis*]，这不是没有道理的）。同样，"古典"的盛期哥特式要么变成了德希奥[Dehio]所说的教条；要么被删减和简化（特别是在托钵修会中）；要么被精致化和复杂化，变成了斯特拉斯堡主教堂的竖琴式设计、弗赖堡[Freiburg]主教堂上的刺绣式装饰，以及霍顿[Hawton]主教堂或林肯[Lincoln]主教堂上流畅的窗

11　　花格［tracery］①。但直到这一时期结束时才出现了根本性的变化，而且这一变化到14世纪中叶才彻底地、普遍地生效。在哲学史上，一般认为盛期经院哲学向晚期的转变发生在1340年，那时，奥卡姆的威廉［William of Ockham］的理论已取得了如此大的进展，以至必定会遭到谴责。

　　到此时，盛期经院哲学的能量要么被导入诗歌，并通过卡瓦尔坎蒂［Guido Cavalcanti］、但丁［Dante］和彼得拉克［Petrarch］最终被导入人文主义；要么通过埃克哈特大师［Master Eckhart］及其追随者被导入反理性的神秘主义。此外，僵化的托马斯派［Thomists］和司各特派［Scotists］继续存在着，一如学院派绘画幸存下来，一直存活到马奈［Manet］之后。只要哲学依然是严格意义上的经院哲学，它便具有变成不可知论的倾向。

12　　且不说阿威罗伊派［Averroists］——随着时间的推移他们越来越孤立——这一局面发生于一场强有力的运动之中，后来的学者恰当地称这场运动为"现代"运动，它始于奥雷奥勒斯［Peter Aureolus］（约1280—1323年），到奥卡姆的威廉（约1295—1349/1350年）臻于成熟，即批判的唯名论（"批判的"与"教条的"相对，前经院哲学的唯名论与洛色林的名字相联系，显然已僵死了近两百年）。唯名论者［nominalist］甚至与亚里士多德派［Aristotelian］形成了对照，他们否认普遍性是实际存在的，认为只有特殊的东西才真实存在。所以盛期经院学者的梦魇，即**个体化原理**［*principium individuationis*］的难题便烟消云散了。根据这条原理，普遍的猫具体化为无数只特殊的猫。正如奥雷奥勒斯所说，"每个事物仅凭其自身便是独特的个体，且与其他任何事物无涉"（*omnis res est se ipsa*

---

① **窗花格**：tracery指哥特式窗户上以纤细石条拼镶而成以镶嵌玻璃的花格，如果用于墙壁上则为blind tracery［实心窗花格］。从罗马式向哥特式发展的过程中，建筑墙体越来越薄，窗户越来越大，引发了窗花格的创造与革新。窗花格有两种类型，一种是plate tracery［板式花窗格］，造型较为简单，其外形如从一块石板上切割下来，故名（图36）。13世纪初之后出现了更精致的bar tracery［棂式窗花格］，纤细的石棂花格以灰浆和金属销拼装而成，具有透雕效果（图34、图35）。下文潘氏提到的玫瑰花窗［rose window］是哥特式建筑上最精美的窗花格构件。圆窗起源较早，但该术语出现于17世纪之后，源于玫瑰花的英文名。——译注

singularis et per nihil aliud）。

另一方面，经验主义的永恒两难再次出现了：由于实在［reality］的特性只属于那种由**直觉认知**［*notitia intuitiva*］才能把握的东西，也就是说，属于由感官直接感知的特殊"事物"，属于通过内心体验直接知晓的特定的精神状态或行为（快乐、悲伤、情愿等等），所以一切实在的东西，即物质客体的世界和精神过程的世界，都不可能是理性的；而一切理性的东西，即通过**抽象认知**［*notitia abstractiva*］从这两个世界中提取出的概念，都不可能是实在的。所以，一切形而上学问题和神学问题——包括上帝的存在、灵魂不灭，甚至因果关系（至少在一个人那里，即欧特尔库的尼古拉［Nicholas of Autrecourt］）——都只能从或然性［probability］角度来讨论。[6]

这些新思潮的共同特点当然就是主观主义［subjectivism］——诗人和人文主义者持有审美主观主义［aesthetic subjectivism］，神秘主义者持有宗教主观主义［religious subjectivism］，唯名论者则持有认识论主观主义［epistemological subjectivism］。实际上，神秘主义［mysticism］和唯名论［nominalism］这两个极端，在某种意义上不过是同一事物的两个相反方面而已，它们都切断了理性与信仰之间的纽带。但陶勒［Tauler］、苏索［Suso］和吕斯布鲁克的约翰［John of Ruysbroeck］那代人的神秘主义，比埃克哈特大师那代人更明显地脱离了经院哲学，其目的是要维持宗教情感的完整性，而唯名论则力求保持理性思维和经验观察的完整性（奥卡姆明确谴责任何使"逻辑学、物理学和文法"服从于神学控制的企图都是"轻率的"）。

神秘主义和唯名论都使个体返回到个人感觉与心理体验的资源。**直觉**［*intuitus*］是埃克哈特和奥卡姆爱用的词，也是他们的中心概念。但是，神秘主义者依靠他的感官作为视觉图像和情感刺激因素的供应者，而唯名论者则依靠感官作为实在的传送者。神秘主义者的**直觉**关注于统一性，超越了人与神的界限，甚至超越了三位一体中各个位的区别；而唯名论者的

直觉关注的是特殊事物和精神过程的多样性。神秘主义和唯名论最终都取消了有限与无限之间的界线。但是，神秘主义者要将自我无限化，因为他相信人类的灵魂会自行消融于上帝之中；而唯名论者要将物质世界无限化，因为他在关于无限物质宇宙的观念中看不出有什么逻辑上的矛盾，不再接受神学上的异议。14世纪的唯名论学派预示了哥白尼的日心说、笛卡尔的几何分析、伽利略和牛顿的力学，也就不奇怪了。

同样，晚期哥特式分裂成各种不同的风格，反映了地区的与意识形态的差别。但在视觉领域，也有一种主观主义将这种多样性统一起来，和我们在精神生活领域中看到的情形一样。这种主观主义最典型的表现就是以透视法来诠释空间，它发端于乔托［Giotto］和杜乔［Duccio］，在1330年至1340年间开始被广为接受。透视法将物质性的绘画或素描表面重新定义为非物质性的投影面——无论刚开始时处理得如何不完美——不仅记录下了所见之物，也记录了在特殊条件下观看事物的方式。借用奥卡姆的话来说，它记录了从主体到客体的当下**直觉**，因此为现代"自然主义"开辟了道路，并为"无限"这一概念赋予了视觉表现。因为，透视灭点只能被定义为"平行线相交之点的投影"［the projection of the point in which parallels intersect］。

我们只是将透视看作一种平面艺术的技巧，这是可以理解的。然而，这种新的观看方式，或更确切地说，这种涉及视觉过程的设计方法，必定会使其他艺术样式也发生变化。雕塑家和建筑师也开始更多地根据某种综合性的"图画空间"［picture space］而非孤立的实体，来想象自己塑造的各种形体，尽管这种"图画空间"是在观者眼中生成的，而不是在一种预制投影中呈现给他的。三维媒介似乎也为人们的图画体验提供了材料。晚期哥特式的所有雕塑都是如此——即便这种图画原理的实施还没有达到斯吕特［Claus Sluter］设计的尚普莫尔［Champmol］修道院舞台式大门雕刻的水平，那是15世纪典型的"雕刻祭坛"［Schnitzaltar］；或达到那些漂亮人物的效果，他们或抬头仰望小尖塔，或凭栏向下张望。英格兰的"垂直式"建筑［"Perpendicular" architecture］①，以及德语国家新型的厅堂式教堂［hall church］和半厅堂式教堂［semi-hall church］②，情况也是如此。

　　这一切可以用来说明以下种种革新，这些革新可以说是反映了唯名论的经验主义与特殊主义的精神：强调风俗特色的风景和室内景；独立自主的、完全个性化的肖像，这种肖像将模特儿表现为奥雷奥勒斯所说的"就其自身而言是个别的，而非其他任何人"，似乎早先的画像只是将司各特所谓的"**个性**"［haecceitas］叠加到一幅依然是类型化的图像上。此外，这一切还可以说明那些通常与神秘主义相关联的新型祈祷像［Andachtsbilder］：圣母怜子［Pietà］、依偎在主胸前的圣约翰［St. John on the Bosom of the Lord］、悲伤的男人［Man of Sorrows］、葡萄榨汁机中的基督［Christ in the Winepress］等等。"祈祷像"这个术语可转译为"供人们移情神入的礼拜像"，其自身的"自然主义的"特色与我们已提到的肖像、风景和室内景相比毫不逊色，往往写实到令人毛骨悚然的程度。肖像、风景和室内景使观者看到了上帝创造力的无限多样和无所不能，从而产生一种无限的感觉，而祈祷像则使观者的身心沉浸于上帝本身无边无际的怀抱中，从而产生无限感。这再一次证明唯名论者和神秘主义者是**两极会通**［les extrêmes qui se touchent］。我们很容易看出，这些表面上水火不容的思潮在14世纪可以通过多种方式相互渗透，为了那个辉煌的时刻，在那些伟大的佛兰德斯人的绘画中融合起来，正如这些思潮在赞赏佛兰德斯绘画的库萨的尼古拉［Nicholas of Cusa］的哲学中相融合一样。尼古拉和维登［Roger van der Weyden］死于同一年。

19

20

---

① **"垂直式"建筑**：垂直式是英国哥特式建筑最发达的阶段（传统上英国哥特式建筑的发展分为三个阶段：早期阶段，约1180—1275年；装饰式阶段，约1275—1380年；垂直式阶段，约1380—1520年）。垂直式建筑的主要特点是教堂建得更高，强调垂直线条，玻璃窗更大，支撑构件几乎仅限于墩柱。其晚期代表性作品有威斯敏斯特大修道院圣母礼拜堂以及剑桥国王学院礼拜堂等。——译注

② **厅堂式教堂和半厅堂式教堂**：欧洲教堂的一种形制，与传统巴西利卡式教堂的不同之处在于，中堂和两边侧堂的高度相等或相近，统一于一个屋顶之下，通过墙壁上的窗户采光。此种形制出现于罗马式时期，流行于晚期哥特式时期，在德国威斯特伐尼亚和上萨克森地区尤为常见（图9）。——译注

二

在我看来，在这个惊人的同步"密集"发展阶段，即从1130—1140年至1270年前后这段时期，我们可以观察到哥特式艺术与经院哲学之间的关联。这种关联比"平行关系"更为具体，比那些博学之士对画家、雕塑家或建筑师的个别的（且十分重要的）"影响"来得更加普遍。这种关联不仅是一种平行关系，相反，我心里想到的是一种真正的因果关系。但与个别影响大不相同的是，这种因果关系是因传播而不是直接碰撞形成的，是由某种东西的扩散形成的，这种东西尚无更恰当的术语，姑且称作"精神习性"[mental habit]——将这个被滥用的套话还原为精确的经院表述，即一条"赋予行为以秩序的原理"[*principium importans ordinem ad actum*][7]。这种精神习性在每一种文化中都发挥着作用。所有现代的历史写作都渗透着进化的观念（关于这一观念的发展，迄今为止所做的研究仍是不充分的，需要做更多的研究，而且现在似乎进入了一个关键的阶段）。我们大家都不精通生物化学或精神分析，却在不费吹灰之力地大谈维生素缺乏症、过敏、恋母情结和自卑情结。

要想从众多促使习性养成的力量中找出一种来，并推测出它的传播渠道，往往很难，或者说是不可能的。不过，从1130—1140年至1270年前后这段时间，以及"巴黎周边100英里范围"则是一个例外。在这个小小范围内，经院哲学垄断了教育。大体而言，智性训练从修道院学校转移到设在城市而非乡村的机构中，它们是世界性的而非地区性的，而且可以说是半基督教性质的：知识的传授转向了主教堂的学校、大学和新托钵修会的书斋[*studia*]中——它们绝大多数是13世纪的产物——其成员在大学中扮演着越来越重要的角色。经院哲学运动以本笃会的学术为基础，由朗弗朗和贝克的安瑟伦发起，多明我会[Dominicans]和方济各会[Franciscans]继续将它向前推进并使之结出硕果。哥特式风格也是如此，它准备于本笃会修道院中，由圣德尼修道院的叙热发其端，在巴黎这座伟大城市的各教

堂中达到了顶峰。建筑史上最伟大的作品名称，在罗马式时期属于本笃会 23
的大修道院［abbeys］①之名，在盛期哥特式时期属于主教堂［cathedrals］
之名，在晚期哥特式时期则属于教区教堂［parish churches］之名，这是很
有意思的。②

　　哥特式建筑的建造者们不太可能去读吉尔伯特或托马斯·阿奎那的原
著，但他们通过其他数不清的渠道接受了经院哲学观点的影响。此外还有
一个事实，即他们手头的工作自然而然地使他们与制订礼仪和图像志方案
的人发生工作上的联系。他们上过学，听过布道，也会去听公开的**答辩**
［*disputationes de quolibet*］，这种活动对当时人们所能想到的一切问题进行
讨论，已发展成一种社会事件，类似于我们的歌剧、音乐会或公开演讲；8
他们还可以在其他场合下与学者进行有益的接触。那时，自然科学、人文
学科甚至数学，都没有发展出特别深奥的方法和专有名词，这就使得整 24
个人类知识仍处于普通的、非专业化的范围之内；而且——或许最重要的
是——整个社会体系发生了飞速的变化，走向城市的专业分工，但后来的
行会和"建筑工房"［Bauhütten］③体系在那时还尚未成形，这就为教士与
俗人、诗人与律师、学者与工匠相对平等地交流提供了见面的缘由。那时
还出现了住在城里的专业出版商（*stationarius*，我们的"书商"［stationer］

---

① **大修道院**：abbey指独立于世俗社会的大型宗教修行社区及其建筑群，它是西方修道院的一个类型，
　由修道院长［abbot或abbess］管理，经济上自给自足。为了区别于一般意义上的monastery［修道院］，
　译为"大修道院"。——译注
② **主教堂、教区教堂**：在西方教堂中，**主教堂**［cathedral］特指设有*cathedra*［主教座］的教堂，也有译
　为"主教座堂"的。现在有许多书里将此术语译成"大教堂"是不合适的，因为它与建筑规模的大小
　没有直接关系，译名应体现这类教堂的性质。主教堂是一个主教管区的宗教活动中心，具有此种功能
　的建筑物出现在古罗马晚期，但真正意义上的主教堂则是在12世纪随着欧洲各中心城市和市民生活的
　兴起而发展起来的，与修道院教堂有着显著的区别。**教区教堂**［parish church］则是一个教区的宗教活
　动中心，规模较小，与当地社区生活的联系更为紧密，甚至允许开展一些非宗教性的活动。绝大部分
　的主教堂与教区教堂都是12—15世纪兴建或改建的，所以潘氏才说在历史上那些伟大的建筑作品中，
　主教堂是盛期哥特式风格的代表，教区教堂则是晚期哥特式风格的代表。——译注
③ **建筑工房**：Bauhütten，德语术语（复数），指哥特式主教堂的石匠作坊，产生于罗马式时期的修道士
　的建筑实践，到哥特式时代尤为发达，在伯尔尼、维也纳、科隆、斯特拉斯堡等地都有著名的建筑工
　房。随着哥特式的衰落，建筑工房失去了重要性，这一制度终结于18世纪上半叶。当今仍有建筑工房
　保存下来，由教会基金支持，其主要任务是对石造历史建筑进行维护。——译注

一词即由此而来），他们多少受到某所大学的严格监管，雇用抄写员生
产大宗［en masse］手抄本。他们的合作者有书商（1170年前后有文献提
25　及）、图书租借商、书籍装订师和书籍装饰家（到13世纪末书籍装饰家
［enlumineurs］在巴黎已占据了整整一条街）；有住在城里的专业画师、雕
刻师和珠宝匠；还有住在城里的学者，尽管他们通常是教士，但将生命全
部奉献给了写作和教学（因此就有了"scholasticism"和"scholastic"这两
个词）；最后还有住在城里的专业建筑师。

　　这种专业的建筑师——之所以称为"专业的"是因为他与修道院建筑
师截然不同，现代人称后者为"绅士建筑师"［gentleman architect］——
是工匠出身，亲自监管工程。这样他就成了见多识广的人，游历广泛，博
览群书，享有空前绝后的社会声望。他因机敏能干［propter sagacitatem
ingenii］而被不拘一格地选拔出来，领到的薪水令低级教士羡慕不已。他
26　会出现在工地上"拿着一副手套和一根小棍"（virga），向手下发出简短的
命令。这命令在法国文学中成了一句口头禅，即当作家要形容某人办事利
索并胸有成竹时，就会说："Par cy me le taille."［这里你给我去掉。］[9]在宏
大的主教堂"迷宫"之中，他的肖像会和教堂奠基主教的肖像挂在一起。
利贝吉尔是建造已毁的兰斯圣尼凯斯［St.-Nicaise in Reims］教堂圣龛的师
傅，在1263年去世之后，他的形象被刻成雕像，名垂千古，获得了前所未
闻的荣耀。雕像表现了他身披学士袍，怀抱着"他的"教堂模型，这是先
前只有王公捐赠人才能享有的特权（图1）。蒙泰罗——堪称世上最讲逻辑
性的建筑师——在他的圣日耳曼－德斯普雷斯［St.-Germain-des-Prés］教堂
中的墓碑上，被称作"石匠博士"［Doctor Lathomorum］。到1267年，这位
建筑师似乎已被人们视为某种经院人士了。

27　　　　　　　　　　　　　三

　　若要问早期和盛期经院哲学所引发的精神习性是以何种方式影响了

早期与盛期哥特式建筑结构的，我们完全可以不考虑其教义的抽象内容，而将注意力集中于，借用经院学者的一个术语，它的**运作方式**［*modus operandi*］上。像灵魂与肉体的关系之类不断变化着的信条，或关于普遍性对特殊性之类的问题，自然会反映到再现性艺术而非建筑之中。确实，建筑师与雕刻师、玻璃画师、木雕匠等保持着密切的接触，他走到哪里都会去研究他们的作品（维拉尔［Villard de Honnecourt］的"画本"就是证明），他组织这些匠师参与自己的工程并监管他们。他必须将图像志方案交代给他们。我们还记得，他只有与某位经院哲学家顾问密切合作才能制订出这样的方案。但是在做这一切的过程中，他吸收并传递了当代思想的本质内容而不是加以实际运用。他"设计建筑的形式，而不是亲自处理具体事务"[10]。作为建筑师他能直接运用的，的确也在运用的，是那种奇特的程序法［method of procedure］。只要一接触到经院学者的方法，这种程序法就一定是这位在俗人士首先想到的东西。

　　这种程序法像任何**运作方式**一样，遵循着某种**存在方式**［*modus essendi*］[11]；而存在方式则遵循着早期与盛期经院哲学的**存在的理由**［*raison d'être*］，即建立真理的统一性。12、13世纪的人试图要做的一件事情，他们的前辈没有清晰地认识到，又令人沮丧地被他们的继承人神秘主义者和唯名论者放弃了，这就是：要在信仰与理性之间书写一份永久的和平协议。托马斯·阿奎那说："神圣学问利用人的理性不是为了证明信仰，而是为了**显明**（*manifestare*）这门学问所说明的其他道理。"[12]这就意味着，人的理性从不指望为以下这类信条提供直接的证明，如三位一体的三重格位的结构、道成肉身、神的造物的短暂性等等；但也意味着人类理性能够而且的确阐明和澄清了以下这些问题。

　　首先，人的理性可以为从基本原理而非启示推导出的任何东西提供直接的、完整的证明，也就是为所有伦理学的、物理学的和形而上学的理论提供证明，包括**信仰的前导**［*praeambula fidei*］，比如可以采用从结果推出原因的方法对上帝的存在（虽然不是上帝的本质）进行证明。[13]其次，理

（页边）28

（页边）29

性可以阐明启示本身的内容：通过论证，尽管只是从反面来论证，可以驳

30　斥根据理性对信条提出的一切异议——证明这些异议必然要么是错误的，要么是不得要领的。[14] 从正面来看，尽管不做论证，理性可以提供**相似物**［*similitudines*］，通过类比来"显明"神秘事物。比如说，将三位一体的三个位格之间的关系比作我们自己心中的存在、知识与爱之间的关系[15]，或将神的造物比作艺术家的作品。[16]

　　因此，我将**显明**［*manifestatio*］，即阐明或澄清，称为早期和盛期经院哲学的第一控制原理。[17] 但是，为了使这条原理在最高层面上发挥作用——即借助理性来阐明信仰——就必须将这条原理运用于理性本身：如果信仰必须通过一套完整而自足的思想体系来"显明"，而这套体系又要

31　在自身限定的范围内与启示的领域区分开来，那么就必须"显明"这套思想体系的完整性、自足性和限定性。这只有凭借一套文字表述格式才能做到，它诉诸读者的想象，向他阐明推论过程，正如推论就是诉诸读者的理智，向他阐明信仰的本质一样。因此，备受嘲笑的经院哲学的写作格式或形式主义，在古典的"大全"中达到了登峰造极的地步。[18] 它的要求有三：（1）总体性（充分列举）；（2）各部分以及次级部分按照同序列体系进行排列（充分分节）；（3）清楚明确，且推论具有说服力（充分相互关联）——而相当于托马斯·阿奎那的类比手法的文学手法也使这一切增色不少：提示性术语［suggestive terminology］、排比［*parallelismus membrorum*］和韵律［rhyme］。这后两种技巧——既是艺术手法也与记忆

32　术有关——的著名实例是圣波纳文图拉为宗教图像所做的简短辩护，他宣布宗教图像是可采纳的，"*propter simplicium ruditatem, propter affectuum tarditatem, propter memoriae labilitatem*"［"因为人们粗野不文，因为人们反应迟缓，因为人们不擅记忆"］[19]。

　　重要的学术著作，尤其是哲学体系和博士论文，是根据条分缕析的格式组织而成的，可压缩为一份目录或大纲，所有部分都标上同级数字或字母，处于同一逻辑层面，我们认为这些都是理所当然的。所以，在小节

（a）、节（1）、章（I）和卷（A）之间便有了从属关系，而在小节（b）、节（5）、章（IV）和卷（C）也具有同样的从属关系。然而，这种划分章节的体系直到经院哲学出现时才为人所知。[20]古典著作只分到"卷"（或许除了由可数条目组成的著作之外，如短诗集和数学论文）。我们无疑是经院哲学的继承者，当我们想给出一段准确的引文时，就必须要么查考公认权威的印刷版本中的页码（如柏拉图和亚里士多德的著作），要么参照某位文艺复兴人文主义者所采用的格式，如我们引用维特鲁威一段话时，便要注上"第七卷，第1章，第3节"［VII, 1, 3.］。

33

看起来，直到中世纪的早期阶段，"卷"［books］似乎才被划分为编了号的"章"［chapters］，不过章的顺序并不表示或反映逻辑从属关系的体系。到了13世纪，长篇论文才根据总体计划，即**根据教学秩序**［*secundum ordinem disciplinae*］来组织。[21]这样，读者便被一步一步地引导着，从一个命题到另一个命题，总是对论证过程的进展心中有数。整体被划分为各个**部分**［*partes*］；而部分——如托马斯·阿奎那《神学大全》的第二部分——被划分为更小的部分；这些更小的部分又被划分为**篇**［*membra*］、**题**［*quaestiones*］或**段**［*distinctiones*］，这些再被划分成**条**［*articuli*］。[22]在**条**之内，讨论以一种辩证图式展开，所以又得进一步划分，几乎每一个概念都要根据与其他概念的不同关系划分为两种或多种含义（**要能扩展出双重、三重含义**等等［*intendi potest dupliciter, tripliciter, etc.*]）。另一方面，若干"篇""题"或"段"往往相互联系而合成一组。托马斯·阿奎那《神学大全》由三大**部分**组成，是逻辑学和三位一体象征主义的真正经典之作，它的第一部分便是上述体例的一个范例。[23]

34

当然，这一切并不意味着经院哲学家的思想比柏拉图和亚里士多德更有序更合逻辑，而是意味着他们与柏拉图和亚里士多德不同，感到有必要将自己思想的条理性和逻辑性表达得清晰明了——这就是**显明**的基本原理，决定了他们的思维路向及范围，也控制着它的陈述，并使之服从于一条原理，可称之为：POSTULATE OF CLARIFICATION FOR CLARIFICATION'S SAKE［**为阐明而阐明的基本原理**］。

35

四

在经院哲学本身的范围之内，这条基本原理不仅使得那些必要的但仍允许含蓄表述的内容得以清晰展开，而且也偶尔导致某些完全没有必要的东西被引入，或者说导致人们忽略自然的表述顺序而喜好人为的对称。就在《神学大全》的绪言中，托马斯·阿奎那抱怨他的前辈"堆砌无谓的问题、条目和论证"，对论题的陈述"不是根据教学本身的顺序，而是根据文字论述的要求"。然而，对于"显明"的热情浸染着几乎每一个文化探究者的心灵，逐渐形成了一种"精神习性"。从经院哲学对教育的垄断来看这是相当自然的事情。

无论我们读的是一篇医学论文，一本如里德沃尔［Ridewall］的《富尔根提乌斯的隐喻》［*Fulgentius Metaforalis*］那样的经典神学手册，一张政治宣传单，一篇统治者的颂词，还是一部奥维德［Ovid］的传记[24]，总是会发现它们同样沉迷于有条不紊的划分和细分、方法的演示、专门的术语、排比以及韵律。但丁的《神曲》是一部经院式著作，不仅内容如此，而且有意识采用了三位一体的形式。[25] 在《新生》［*Vita Nuova*］中，这位诗人一反常规，以完美的经院哲学方式逐段分析每首十四行诗和抒情诗的大意。半个世纪之后的彼得拉克，则从和谐悦耳而非逻辑的要求出发来构思他的诗歌结构。他谈到一首十四行诗时说："我本想改变四个诗节的顺序，将第一节四行诗和第一节三行诗都变成第二节，反之亦然。但我放弃了，因为那样的话，饱满的声音便出现在中部，较空洞的声音会出现在一头一尾。"[26]

适用于散文和诗歌的道理同样适用于艺术。现代格式塔心理学与19世纪的理论相对立，但与13世纪的理论却很合拍，它"不承认只有人类心智的高级官能才拥有综合能力"，强调"感觉过程的构成性力量"。知觉本身现在也被认为——这是我引述的——是一种"智力"，它"以简单的、'良好的'格式塔图式将感觉材料组织起来"，**"如有机体那样努力吸收对自己组织的刺激"**。[27] 所有这些都是以现代方式确切表达了托马斯·阿奎那的意思，他写道，"感官总是喜欢比例得当的事物，**一如喜欢与它们自己相仿的东西；因为感觉也是一种理性，正如一切认识能力都是一种理性**"（*sensus delectantur in rebus debite proportionatis sicut in sibi similibus; nam et sensus ratio quaedam est, et omnis virtus cognoscitiva*）[28]。

既然一种思想方式认为，必须借助理性使信仰"更加明了"，借助想象使理性"更为明晰"，那么它感到有必要借助感官使想象"更为清楚"，便不足为怪了。这种沉迷状态甚至间接影响到哲学与神学的写作，因为对论述的内容做理智的划分，就意味着要用循环往复的短语使演讲在听觉上节奏分明，用红字、数字和段落使文章在视觉上一目了然。这就直接影响到了所有艺术形式。音乐通过对时间做精确的、有条不紊的划分，变得段落分明（13世纪巴黎学派采用的记谱法现在仍在使用并作为参照，至少在英格兰是如此，如原先的术语"半全音符"［breve］、"全音符"［semibreve］和"半音符"［minim］等等）；同样，视觉艺术通过对空间做精确的、有条不紊的划分，变得结构分明，导致了再现性艺术中对于叙事语境的"为阐明而阐明"，在建筑上对于功能语境的"为阐明而阐明"。

在再现性艺术领域中，这一点可以通过对几乎任何单个人物的分析来演示，而在总体布局上则更加明显。例如，除了在马格德堡［Magdeburg］或班贝格［Bamberg］主教堂上出现的偶然情况之外，盛期哥特式大门的构图总是服从于严格的、完全标准化的图式，旨在将形式安排得井然有序，同时将叙事内容刻画得清楚明了。将以下两件作品做一比较就足够了：欧坦［Autun］主教堂大门上的《最后的审判》（图2）虽然很美但还不够"清晰"，而巴黎圣母院或亚眠主教堂大门上的雕刻（图3）尽管母题丰富得多，但却极其清晰。这块山花壁面［tympanum］①清晰地划分成三

① **山花壁面**：建筑入口上方由拱券与横梁围合起来的一块墙壁表面，装饰着基督教主题的浮雕或马赛克镶嵌画，其装饰功能类似于古典建筑上的山花［pediment］，不过古典山花主要是三角形的（也有弧形的），而山花壁面是拱形的。早期的山花壁画是圆拱形，如欧坦主教堂（图2）；哥特式山花壁面是尖拱形的，周围有一圈圈依次向外扩展的拱门饰［archivolt］环绕，使山花壁面深深向内凹进，如巴黎圣母院（图3）。——译注

个区域（这种方法在罗马式时期不为人知，只有少数前瞻性的例外，如布尔日圣于尔森［St.-Ursin-de-Bourges］和蓬皮埃尔［Pompierre］两地的教堂），将"三神像"［Deësis］① 与"被诅咒者及上帝的选民"分开，这些内容又与"基督复活"划分开来。欧坦主教堂山花壁面上，众使徒表现得不那么安定。他们被置于凹进的墙面上，以这样的方式超越了十二"美德"及其对应物（从惯常的七美德发展而来，是以经院方式对"正义"做恰当细分的结果），即"勇"［Fortitude］对应于圣彼得这块"基石"［rock］，"爱"［Charity］对应于圣保罗，他是《哥林多前书》［I Corinthians］第十三章的作者；聪明的童贞女和愚拙的童贞女，作为上帝选民和被诅咒者的原型，以页边注解的方式被加到门柱上。

在绘画中我们也可以观察到这种"阐明"的过程，打个比方说，像在试管中［in vitro］进行观察。我们有个极佳的机会可以将1250年前后制作的一系列抄本插图与它们的直接范本做一比较，它们制作于11世纪下半叶，大概是在1079年之后，但可以肯定是在1096年之前（图4—7）。[29] 两幅最有名的图画（图6、图7）表现了国王腓力一世［King Philip I］向田园圣马丁修道院［Priory of St.-Martin-des-Champs］② 授予特权并做捐赠，其捐赠包括圣桑松［St.-Samson］教堂。早期罗马式的原型是一幅无框的羽笔素描，表现了大群人物、建筑以及铭文，而盛期哥特式的摹本则是一幅经过仔细构图的图画，用边框将整个画面聚拢在一起（在底部加上了献祭仪式，体现了写实主义和社团尊严的新感觉）。不同的内容清清楚楚区分开

41

42

---

① **"三神像"**：三神像是东正教圣像的重要表现图式，基督位于中央，一边为圣母，一边是施洗约翰。西方中世纪与此相对应的表现母题是"荣光中的基督"［Christ in Majesty］，基督位于光环之中，四周环绕着四福音书作者或他们的象征符号。不过东正教三神像的形式在西欧地区也有出现，往往成了"最后的审判"中的一个场景，基督周围的人物也不限于圣母与施洗约翰，还有如天使和福音书作者约翰等。——译注

② **田园圣马丁修道院**：这家修道院最早可追溯到8世纪初墨洛温王朝时期建立的一间奉献给图尔的圣马丁的礼拜堂，后于11世纪重建，成为本笃会的一个社区以及克吕尼教会的重要机构，其重要性仅次于皇家圣德尼大修道院，后毁于法国大革命期间。因该修道院在中世纪仍位于巴黎城墙之外，故有"田园"［des-Champs］之名。——译注

来，画框之内划分为四块区域，分别对应于国王、基督教组织、主教管区和世俗贵族四个类别。两座建筑——圣马丁修道院和圣桑松教堂——不仅被提升至相同的高度，而且也都表现为纯侧视图，而不是以混合投影的方式呈现。那些地位最高的角色原先是孤身一人，一律为正面表现，现在他们有了随从相伴，有了动感，而且相互间有了交流，这些都加强而不是削弱了他们的个体重要性。那位唯一的神职人员，即副主教、巴黎的德罗戈〔Drogo of Paris〕，在廷臣和王公之间找到了自己的恰当位置。他身穿无袖长袍，头戴主教冠，在人群中突显出来。

　　不过，正是在建筑领域中，阐明的习性取得了最伟大的胜利。正如盛期经院哲学受到了"显明"原理的支配一样，盛期哥特式建筑受到了——正如叙热已指出的——所谓"通透原理"〔principle of transparency〕的支配。前经院哲学用一道不可跨越的栅栏将信仰与理性隔开，如同罗马式建筑（图8），无论室内还是室外都给人一种确定的、不可穿透的空间印象。神秘主义要将理性沉溺于信仰之中，而唯名论则要将这两者完全划分开来。可以说这两种态度在晚期哥特式的厅堂式教堂中都有所表现。它那仓库式的外壳，将通常是如自然画面般的、总是看似无边无界的室内（图9）封闭起来，从而创造出这样一种空间，即从外部看是确定的、不可穿透的，但从内部看却是不确定的、可穿透的。然而，尽管盛期经院哲学严格地将信仰的圣地与理性的知识领域隔离开来，但还是坚决主张这圣地中的内容应是清晰可辨的。盛期哥特式建筑也是如此，将内部体积与外部空间划分开来，但仍坚持让它通过外部结构突显出自身的形象（图15、图16），比如说，从立面上便可以看出中堂的横截面（图34）。

　　就像盛期经院哲学的**大全**一样，盛期哥特式主教堂所追求的首要目标是"总体性"〔totality〕，因此倾向于通过综合与排除接近于一个完美的和最终的解决方案。因此，我们谈论**这种**盛期哥特式平面或**这种**盛期哥特式体系，比起其他任何时期更有把握得多。盛期哥特式主教堂要以它的形象体现出完整的基督教知识，神学的、伦理的、自然的、历史的知识，并使

43

44

45

一切各得其所，凡是找不到恰当位置的东西就要被抑制住。同样，在结构设计中要设法将不同渠道传承下来的所有重要母题加以综合，最终在巴西利卡式与集中式平面形制［the basilica and the central plan type］①之间取得无与伦比的平衡，并抑制住可能危及这种平衡的所有要素，如地下墓室［crypt］、楼廊［galleries］，以及除了正面双塔之外的塔楼。

经院写作的第二项要求是"根据同序列各部分及细分部分的体系来布局谋篇"，这一点最形象地表现在对整个结构的统一划分与再划分上。原先，东西部地区各式各样的罗马式拱顶形式常常会出现在同一座建筑上（交叉拱顶［groin vaults］、肋架拱顶［rib vaults］、筒形拱顶［barrels］、圆顶［domes］和半圆顶［half-domes］)②，而现在我们看到只用新发展起来的肋架拱顶，所以即便是半圆形后堂［apse］、礼拜堂［chapels］和后堂回廊［ambulatory］的拱顶，从形制上与中堂和耳堂［transept］也不再有所区别（图10、图11）。自亚眠主教堂以降，圆形表面被完全去除，当然除了拱顶饰带之外。过去在三堂式中堂［tripartite naves］与单堂式耳堂［undivided transepts］（或五堂式中堂和三堂式耳堂）之间一般存在着

46

---

① **巴西利卡式与集中式平面形制**：这两种教堂形制均源于古代建筑传统。basilica即长方形会堂，古罗马时期主要用作市场和法庭。**巴西利卡式**也称纵向式［longitudinal］，其平面最早为长方形，后来加上耳堂发展为拉丁十字形，因其内部空间宏大能够容纳大量会众，所以成为欧洲中世纪教堂的首选形制。**集中式**源于古典纪念性建筑，平面为圆形、方形或八角形，多为洗礼堂、宗教遗址和殉教士建造的小型建筑物，其特点是室内空间集中，没有明显的方向性，外观造型单纯统一，具有纪念碑式效果。这两种形制各有所长，如何完美统一于一体，是西方建筑师从中世纪晚期至文艺复兴一直寻求解决的难题之一。——译注

② **交叉拱顶、肋架拱顶、筒形拱顶……圆顶**：西方的vault和dome均可译为中文的"穹顶""穹窿"概念，但其间有细微的区别，前者形状不一，译成"拱顶"，后者多为半球状，译为"圆顶"。vault有多种形式，**筒形拱顶**是最早也最简单的一种，又称隧道式拱顶［tunnel vault］，是罗马式教堂的主要拱顶形式。由于筒形拱顶沉重并有侧推力，所以墙壁必须建得很厚实。**交叉拱顶**是由两个筒形拱顶直角相交所形成的拱顶，所以从下往上看，拱顶划分为四个三角形部分，拱顶的推力集于四条对角棱线上（图17）。交叉拱顶最早出现于古罗马时期，曾一度消失，在中世纪后期得以复兴，最后被哥特式建筑的肋架拱顶所取代。**肋架拱顶**是由肋拱［rib］构成的骨架所支撑起来的拱顶，重量大大减轻，其侧推力由拱肋向下传至墩柱并转向室外的飞扶垛。它大大满足了哥特式教堂对高度的追求，使得去除厚重墙壁、构建大面积玻璃花窗成为可能。从11世纪起，肋架拱顶几乎同时出现在法国和英国的教堂中，到13世纪及之后从四肋拱顶［quadrupartite vault］、六肋拱顶［sixpartite vaults］发展到晚期哥特式更为精致复杂的装饰图案（图9）。——译注

很大的差别，而现在我们看到中堂和耳堂都是三堂式的；过去中堂与侧堂
［side aisles］的开间不一致（要么尺寸不一，要么拱顶形制不一，要么两
方面都不统一），现在则有了"统一的开间"［uniform *travée*］，中堂肋架
拱顶的开间与两边侧堂肋架拱顶的开间联结在一起。因此，整体是由一个
个最小的单元构成的——几乎可以说这就是经院写作中的**"条"**——它们
是同序列的，因为在底平面上它们都是三角形，每个三角形与相邻三角形
共有各条边。①

　　这种同序列导致的结果便使我们感觉到，它就相当于一篇条理井然的
经院论文中"逻辑层次"的等级结构。按照那时的习惯，整个建筑结构
划分为三大部分，即中堂、耳堂和后堂［chevet］（这后堂又由前唱诗堂
［fore-choir］②和唱诗堂本体［choir proper］组成）。在这几大部分中，一
方面，在中堂与侧堂之间做出区分，另一方面在半圆形后堂、后堂回廊和
呈半圆形布局的诸礼拜堂之间做出区分。这样我们便可观察到所得出的类
似关系：第一，每个中央开间、中央大堂整体，以及整个中堂、耳堂或前
唱诗堂之间的关系；第二，每个侧堂开间、整个侧堂，以及整个中堂、耳

47

---

① **半圆形后堂、礼拜堂和后堂回廊……中堂和耳堂……侧堂……开间……**：西方教堂大多坐东朝西，
东部部分统称为chevet［后堂］，包括了圣坛［chancel］（即由祭坛［altar］、唱诗堂［choir］和至圣所
［sanctuary］组成）、半圆形后堂［apse］、礼拜堂［chapel］和后堂回廊［ambulatory］几个部分。自罗
马晚期开始，**半圆形后堂**便是基督教教堂的一个基本成分，它是教堂最东端一个凹进的半圆形空间，
建有半圆顶，装饰着马赛克镶嵌画。到了哥特式时期，东端部分大为扩展，半圆形后堂不再位于最东
端处，而是位于圣坛东面。而教堂最东端的空间则安排了一圈**礼拜堂，它们**呈放射状排列。这样，在
圣坛与礼拜堂之间形成了一条环绕的通道，称为**后堂回廊**，它与礼拜堂在空间上是相通的，有时共用
一个拱顶（图60）。上述后堂是神职人员（和唱诗班）活动的"神圣空间"，而教堂的主体部分则是
中堂、侧堂和耳堂，它们是容纳信徒的区域。**中堂**［nave］源于拉丁文单词*navis*，"船"的意思，象
征着圣彼得之舟或诺亚方舟。中堂两边是**侧堂**［side aisles］，是较窄的过道（所以也译成"侧廊"），
有拱廊或柱廊与中堂空间相分隔。**耳堂**［transept］位于教堂十字交叉处，突出于教堂主体的南北两
侧。**开间**［bay］的法语形式为*Travée*，指教堂中划分空间的单位：一个肋架拱顶与其下方支撑的四根
墩柱之间形成的空间为一个开间。潘氏这里所讲的"统一的开间"，指盛期哥特式教堂中各部分的空
间维度趋于统一，其测量标准便是开间，使得建筑整体与局部之间具有更为合理的比例关系。（上述
教堂布局可参见图11平面图上所加的说明。）——译注

② **前唱诗堂**［fore-choir］：指唱诗堂与中堂之间起分隔作用的空间，有时以透雕的花窗格围合起来，并
设有门；有时仅以栏干相隔。——译注

堂或前唱诗堂之间的关系；第三，半圆形后堂的每个扇形区域、整个半圆
形后堂，以及整个唱诗堂之间的关系；第四，后堂回廊的每个分区、整个
后堂回廊，以及整个唱诗堂之间的关系；第五，每个礼拜堂、由诸礼拜堂
构成的半圆形区域，以及整个唱诗堂之间的关系。

48

　　在这里不可能也没有必要描述这种先进的划分原理（换个角度看即倍
增原理）是如何逐渐影响到整座大厦直至细枝末节的。在哥特式建筑发展
的鼎盛时期，柱子被划分并再分为主墩柱［main piers］、大附墙柱［major
shafts］①、小附墙柱［minor shafts］和细附墙柱［still minor shafts］；窗户、
暗楼拱廊［triforia］和盲拱廊［blind arcades］②上的窗花格被划分并再分
为主级、次级和第三级的直棂［mullions］和框缘［profiles］；拱肋与拱券
［arches］被划分并再分为一系列线脚［moldings］（图22）。不过可以一提
的是，正是这种同序列原理控制着整个建造过程，这就暗示并说明了，这
种相对的整齐划一将盛期哥特式建筑语言与罗马式区别了开来。处于相同
“逻辑层次”上的所有构件——在装饰性图形与再现性形象中这一点尤其
值得注意，在建筑中这些构件则对应于托马斯·阿奎那所说的**相似物**——
被设想成同一层级的构件。所以，例如华盖［canopies］的形状、座石
［socles］和拱门饰［archevaults］③的装饰，尤其是墩柱和柱头的样式，原
本应有的丰富多样的形式被压抑住了，以便统一为标准的形制，只允许稍

49

---

① **主墩柱、大附墙柱**：在建筑中，pier、column和shaft都是柱子的意思，但因造型与功能不同而有所
区别：pier一般为方形柱（也有圆形柱），墩实厚重，是主要承重构件之一，译为"墩柱"（图17、
图18）；column一般为圆柱形，如古典柱式中的柱子，故译为"圆柱"。shaft也是圆柱，通常指古典圆
柱上柱头与柱础之间的"柱身"，而在本书语境中指附着于墙体、门窗两侧或主墩柱上的小型柱子，
故译为"附墙柱"（图19～22）。——译注

② **暗楼拱廊和盲拱廊**：中堂空间两侧位于侧堂之上、高侧窗之下的廊道，透过拱廊朝向中堂空间敞开。
它最早出现于罗马式时期，廊道宽阔可以通人。后来变得很浅，成了纯粹的墙面装饰构件，即所谓的
盲拱廊（图37～45）。——译注

③ **华盖**：在建筑上，canopy指遮阳挡雨的顶篷，这里应指主教堂入口处以及内部圣人雕像上方的装饰性
顶篷。**座石**：位于墙体、墩柱、底座等上部结构之下的突出的建筑构件，通常刻有装饰线脚。**拱门
饰**：此处的archevaults疑似archivolts的误写，指沿拱券曲线雕刻的装饰性线脚，常用于教堂入口拱门
上，有雕刻装饰。在哥特式入口的拱门上，一圈圈拱门饰向内收缩凹进至山花壁画（图3）。——译注

有变化，类似于自然界中某一物种中的个体变化。甚至在服装领域，讲究合理性和统一性也是13世纪的一大特色（甚至就男女服装的差别而言），这对于此前与此后时期而言都是陌生的。

　　这种在理论上对大厦的无限细分，要受到经院写作第三项要求的限制："区分明确，且推论具有说服力。"根据古典盛期哥特式的标准，单个 50 构件在组成不可分割之整体的同时，还必须明确地相互区分开来，以表明自己的身份——附墙柱要与墙体或墩柱本体［core of the pier］区分开来，相邻的拱肋要相互区分开来，所有垂直构件要与它们所承接的拱券区分开来；但它们之间又必须具有毫不含糊的相关性。我们必须能够分辨构件之间的从属关系，由此可以得出一条原理，不妨称之为"可相互推导的基本原理"——这并非如古典建筑那样是对尺度的推导，而是对构造的推导。晚期哥特式允许甚至乐于造成流动性过渡和相互渗透的效果，喜欢挑战相关性的规则，例如天顶密集而支柱疏落（图9），而古典哥特式风格要求我 51 们不仅能从室外推想出室内，从中央大堂推想出侧堂的形状，而且能从一个墩柱的剖面推想出整个构造体系。

　　上面提到的最后一种情况尤其富于教益。为了在所有支撑构件，也包括那些环岛形结构［rond-point］中的支撑构件之间建立起统一性（或许也是顺从了某种潜在的古典化冲动），营造了桑利［Senlis］、努瓦永［Noyon］和桑斯［Sens］三地主教堂之后的那些最重要建筑物的建筑师们，便抛弃了复合式墩柱［compound pier］，将中堂的拱廊直接建在单体圆形墩柱［monocylindrical piers］之上（图18）。[30] 当然，这样就不可能以承重构件的结构来"表现"上部结构了。为了取得这一效果同时又保存现已被认可的形式，便发明了一种角柱式墩柱［pilier cantonné］①，即附有

---

①　**复合式墩柱……角柱式墩柱**：复合式墩柱又称集束式墩柱［clustered pier/cluster pier］，指由一根中心墩柱附上若干小圆柱而成的束状柱，以便承接拱顶的**横隔拱**［transverse］和**对角拱肋**［diagonal ribs］，最早出现在罗马式建筑中（图19—22）。**角柱式墩柱**［pilier cantonné］是复合式墩柱的一种，与盛期哥特式建筑联系在一起，最早用于沙特尔主教堂。法语cantonné是"在柱角上装饰"的意思，用四根小柱附于中心墩柱的四个角上，分别支承拱廊的拱券以及中堂与侧堂的拱肋（图19、图41、图47、图55）。——译注

四根外加小柱［applied colonnettes］的圆形墩柱（图19—21）。然而，这
52　种形制在沙特尔、兰斯和亚眠的主教堂被采用时[31]，虽然"表现"了中堂
和侧堂之上的横向拱肋以及中堂拱廊上的纵向拱券，但没有"表现"出对
角拱肋（图51）。后来（在圣德尼教堂）找到了最终解决方案，即继续使
用复合式墩柱，但做了重新组织，使之可以"表现"盛期哥特式建筑上
部结构的构件（图22）。中堂拱券的内拱缘［inner profile］由有力的小柱
承接，外拱缘［outer profile］[①] 则由较细的小柱承接，中堂上部的横隔拱
［transverse］和对角拱肋［diagonal ribs］则由三根高高的附墙柱支承（中
间一根比其他两根粗壮些）。与这三根柱子相对应，有三根类似的小柱支
撑着侧廊的横隔拱和对角拱肋；甚至中堂墙壁的残留物——这是唯一顽固
保存下来的"墙体"要素——也以墩柱本身的矩形"墙体"核心形式得到
了"显明"（图52）。[32]

53　　　　这的确就是"理性主义"，但并不是舒瓦西［Choisy］和维奥莱－勒迪
克［Viollet-le-Duc］心目中的理性主义[33]，因为圣德尼大修道院教堂的复合
式墩柱在功能上，更不用说在经济上，并不优于兰斯或亚眠主教堂的角柱
式墩柱；它也不是"错觉主义"，如亚伯拉罕［Pol Abraham］让我们相信
的那样。[34]从现代考古学家的观点来看，奥贝尔［Marcel Aubert］和福西永
［Henri Focillon］提出的合理的折中性意见，可以平息波尔·亚伯拉罕与
功能主义者之间这场著名的争论，事实上加尔［Ernst Gall］已看到了这一
点。[35]

　　　　亚伯拉罕否定像拱肋和飞扶垛［flying buttresses］[②]这样的构件具有实
用价值，这无疑是错误的。"独立构筑的拱肋"（*arcus singulariter voluti*）[36]
所构成的骨架，不仅具有优雅的轮廓线，而且更厚重更结实（图24），令

---

① 　内拱缘、外拱缘：拱券内侧与外侧边缘处的线脚，分别由下部的小圆柱支承（图22）。——译注
② 　飞扶垛：扶垛［buttresses］是加固墙体以抵消屋顶侧推力的建筑构件，飞扶垛［flying buttresses］则是
　　哥特式教堂外部的一种典型构件，即在侧堂的外墙处建起厚重的墩柱，以一个拱券凌空跨越侧堂屋
　　顶，支撑住中堂外墙的上部，以抵抗主拱顶的侧推力和风力（图26）。——译注

我们相信在技术上的确具有巨大的优越性，因为这使它能够自由构建起拱顶网络（省去了搭建拱膺架①[centering]的许多木料和人工），并使屋顶变得轻薄。因为根据现代人的复杂计算，它的简单效应对于哥特式建筑师来说在经验上太熟悉了，以至他们在自己的文章中理所当然地认为[37]，在其他条件不变的情况下[ceteris paribus]，一个拱券的厚度是另一个拱券的两倍，那么这个拱券的强度只是它的两倍。这就意味着拱肋确实加强了拱顶。大家都知道在第一次世界大战中，那些哥特式拱顶在拱肋被炮火摧毁的情况下仍幸存了下来，但这并不能证明如果拱肋被去除了七百年而不是七周之后，这些拱顶还能幸存下来。古代的砖石结构凭借纯粹的凝聚力结合为一体，所以墙体在失去了支撑物之后，其主体部分甚至依然原封不动，看似倒挂着（图25）。[38]

扶垛和飞扶垛的确可以抵消威胁拱顶稳定的、引起变形的力。[39]哥特式建筑大师们——除了那些倔强的米兰愚货，他们不动声色地争辩说"尖券拱顶并不对扶垛产生侧推力"——完全知晓这一点，这是有若干文献记载的，并由他们的行话所证实，如contrefort、bouterec（我们所谓的"buttress"一词便由此而来）、arc-boutant，或德语中的strebe（有趣的是，西班牙语estribo即由此而来），所有这些词的意思都表示侧推力或抗侧推力的功能。[40]飞扶垛的上层部分——沙特尔主教堂后来加上了这个部分，但在兰斯和之后所建的最重要的教堂中，一开始就将此部分规划进去了——是想用来支撑更陡峭更沉重的屋顶，还可能是为了抵抗风对屋顶的压力。[41]甚至花窗格也拥有某种实用价值，它使安装变得容易，也有助于保护玻璃。

另一方面，同样确实的是，最早的真正拱肋的出现与沉重的交叉拱顶有关。在交叉拱顶中，拱肋尚未"独立地"构建起来，因此在建造时既未省去拱膺架，也不会拥有多少后来的静力学价值（图23）；[42]而以下这情况

① **拱膺架**[centering]：在构建拱券或拱顶时使用的临时性木桁架。——译注

也是确实的，沙特尔主教堂的飞扶垛固然在功能上很重要，但也引发了强烈的美感，以至那位塑造了兰斯主教堂北耳堂中那尊优美圣母像的师傅，以微缩的形式在圣母小圣龛上模仿了这种飞扶垛（图26、图27）。鲁昂的圣乌昂［St.-Ouen］教堂的那位值得赞赏的建筑师，在没有上层飞扶垛的情况下便对付过去。他的设计最接近现代静力效能的标准。[43] 根本就没有任何实用的理由要将扶垛支撑体系精致化，将它变成纤细的小柱子、小神 57 龛、小尖塔和花格子（图29）。沙特尔主教堂的西窗是所有彩色玻璃窗中最大的一个，它没有花窗格，幸存下来达七百年之久。总之，安装在实墙上的实心窗花格［blind tracery］[①] 并无任何技术上的重要性可言，这一点毋庸赘言。

　　然而，这整个讨论都没有切中要害。一谈到12、13世纪的建筑便说"一切均是功能——一切均是错觉"，这种非此即彼的说法是站不住脚的，就像一谈到12、13世纪的哲学便说"一切都是对真理的探求——一切都是精神操练与演说术"。卡昂主教堂和达勒姆［Durham］主教堂的拱肋尚未"独立构筑"［*singulariter voluti*］，它们在能做之前便开始说了。卡昂和达勒姆的飞扶垛仍隐藏于侧堂屋顶之下（图28），它们在被允许说之前就开 58 始做了。最终，飞扶垛学会了说，拱肋学会了做，两者都学会了宣告它们在语言上所做的，要比单纯对效能的需求更符合实际、更明确、更华丽。墩柱和窗花格成形的情形也是如此，它们一直在说，也一直在做。

　　我们所面对的，既不是纯功能主义意义上的"理性主义"，也不是现代"为艺术而艺术"美学意义上的"错觉"。我们面对的可以说是一种"视觉逻辑"，图解了托马斯·阿奎那的"感觉也是一种理性"的说法。一个受到经院习性浸染的人，会从**显明**的观点来看待建筑的呈现方式，正如文学的呈现方式一样。他理所当然地认为，构成一座主教堂的许多构件，其主要目的就是确保它的稳固性；正如他理所当然地认为，构成一部**大全**

---

① **实心窗花格**：参见第10页脚注。——译注

的许多成分，其主要目的在于确保它的有效性。   59

但是，如果这座大厦各个部分的构成未能使他重新体验到建筑的构造过程，正如**大全**各部分的构成未使他重新体验到思考过程，那他就没有得到满足。对他而言，柱子、拱肋、扶垛、窗花格、小尖塔和卷叶饰的华丽展示，是建筑的自我分析和自我说明，就像惯常所用的"部分""章""题"和"条"对他而言是理性的自我分析和自我说明。人文主义者的心灵要求的是最大限度的"和谐"（写作中措辞无瑕疵、比例无瑕疵，瓦萨里［Vasari］说这在哥特式建筑中令人痛心地丧失了[44]），而经院哲学家的心灵所要求的是最大限度的明晰。他接受并坚持通过形式获得功能的绝对清晰   60
性，恰如他接受并坚持通过语言达致思想的绝对清晰性一样。

五

哥特式风格到达了它的古典阶段只花了不到一百年的时间——从叙热的圣德尼教堂到蒙泰罗对该教堂的重建；我们原可指望看到这个快速的、十分密集的发展过程，具有前所未有的一贯性和直线性。然而情况并非如此。发展是一以贯之的，但却并非是直线性的。反之，当我们观察从开端到"最终方案"的发展过程时，得出的印象是"跳跃式前进"，进两步退一步，好像建筑师有意在自己前进的道路上设置障碍。这种情况不仅可以在不利的经济与地理条件下观察到，如玩忽职守通常会导致返工，而且也   61
可以在一流的建筑作品中看到。

我们记得，所达成的"最终的"总平面方案是一座巴西利卡，它有一个三堂式的中堂；一个同样为三堂式的耳堂，从中堂左右两侧伸出来，但好像又并入了五堂式的前唱诗堂；它还有一个同心布局的后堂，带有后堂回廊和若干呈放射状布局的礼拜堂；教堂前部只有两座塔楼（图11、图16）。初看起来，这是始于圣热梅［St.-Germer］教堂和博韦圣吕西安［St.-Lucien-de-Beauvais］教堂的一种自然而然的直线性发展，这两座教堂

预示了12世纪早期教堂几乎所有的特色。不过与之相反，我们发现在两种
对比鲜明的方案之间存在着激烈的冲突，每种方案似乎都偏离了最终结
果。一方面，叙热的圣德尼教堂和桑斯主教堂（图12）提供了严格的纵向
62　式范本，前部只有两座塔楼，耳堂要么发育不全，要么完全省略。这一
平面被巴黎圣母院和芒特圣母院［Notre-Dame of Paris and Mantes］①所采
纳，而且仍然在盛期哥特式的布尔日［Bourges］主教堂的平面中保留了下
来。[45]另一方面，拉昂［Laon］主教堂（图13、图14）的建筑师反其道而行
之——可能受到主教堂位于一座小山顶部这一独特地点的制约——返回到
德国式多项组合的观念，建起了伸出教堂两侧的三堂式耳堂以及多座塔楼
（图尔奈［Tournai］主教堂便是例证）；另有两座主教堂去除了加在耳堂与
十字交叉处上方的额外塔楼，但这花了若干代人的时间。沙特尔主教堂曾经
规划的塔楼达九座之多，兰斯主教堂如拉昂主教堂一样有七座（图15）。直
到亚眠主教堂（图16）才恢复了正面只建两座塔楼的布局。

63　　　同样，"最终的"中堂布局方案（图19—22），从平面图来看，是一
系列相同的长方形四肋拱顶［quadrupartite vaults］和相同的分节式墩柱
［articulated piers］的连续排列；从立视图来看，则是拱廊、暗楼拱廊和
高侧窗［clerestory］②的三重序列。这一方案好像又是直接从博韦圣司提
反［St.-Etienne-de-Beauvais］教堂或诺曼底的莱赛［Lessay］大修道院教
堂（图17）等12世纪早期的原型直接发展而来的。但实际情况是，在苏瓦
松和沙特尔教堂之前建的所有重要教堂，在单体圆形墩柱之上生发出了六
肋拱顶［sixpartite vaults］（图18），或甚至返回到了陈旧的"交替式体系"

---

① **巴黎圣母院和芒特圣母院**：前者称为Notre-Dame de Paris，是巴黎的主教堂（参见第15页脚注），所以
标准译名应为巴黎圣母主教堂；后者称为Notre Dames de Mantes，但它不是主教堂，而是一座牧师会教
堂［Collegiate Church］，即由牧师会管理的教堂。由于两座教堂均是奉献给圣母的，而且巴黎圣母主
教堂在汉语中习惯称作"巴黎圣母院"，所以特将这两座教堂统译为"圣母院"。芒特，法兰西岛一
地名，位于巴黎以西四五十千米处。——译注
② **高侧窗**：巴西利卡式教堂中堂或耳堂上部墙壁开设的采光窗户，位于侧堂上部的暗楼拱廊之上，拱顶
之下（图37、图40、图41）。——译注

［alternating system］^①。它们的立视图展示了楼廊，而在努瓦永主教堂之后建的最重要的建筑物中，楼廊与暗楼拱廊结合起来（或如巴黎圣母院那样与其对等的部分相结合），形成了四层的布局（图18）。⁴⁶

　　回顾这一发展过程便很容易看出，有意识地偏离直线性发展轨道其实是达成"最终"解决方案必不可少的先决条件。如果拉昂主教堂没有采用多塔组合，就不可能在纵向式与集中式两种形制之间取得平衡，发达的后堂与同样发达的三堂式耳堂之间的统一性也会大打折扣。若不采用六肋拱顶和四层立视布局，就不可能将自西向东连续推进的理想与通透性及垂直性的理想谐调起来。这两例都是通过**接受并最终调和了各种潜在的矛盾**［ACCEPTANCE AND ULTIMATE RECONCILIATION OF CONTRADICTORY POSSIBILITIES］而达成了"最终"解决方案。⁴⁷在这里，我们遇到了经院哲学的第二条控制原理。如果说第一条原理——"显明"——有助于我们理解古典哥特式所呈现的效果，那么这第二条原理——**调和**［concordantia］——则有助于我们理解古典哥特式是如何产生的。

　　中世纪人们所了解的有关神的启示的一切内容，以及他们在其他方面信以为真的许多东西，都是由**权威言论**（auctoritates）传播的：首先是圣经正典，它提供了"原有意义上的、无可辩驳的"（proprie et ex necessitate）论证［arguments］；其次是教父和"哲学家"的学说。教父的学说虽然只是"或然的"［probable］，但提供了"原有意义上的"［intrinsic］论证；而哲学家的学说则提供了"非原有意义上的"（extranea）论证，对于这理性而言只是或然的。⁴⁸现在人们不会注意不到这一点，这些权威言论，甚至圣经中的一些段落，往往相互抵触。唯一的办法就是照原样接受它们，并反反复复地对它们进行解释，直至它们协调一致。这就是最早那批神学家所做的事情。但这个难题直到阿贝拉写下著名的《是与否》［Sic et Non］才被当作一个原则问题提了出来。他在此书中表明，这

64

65

66

---

① **"交替式体系"**：指中堂两侧采用复合式墩柱与单体圆柱相交替的支撑体系，常见于罗马式与早期哥特式建筑中。——译注

些权威言论，包括圣经，在158个重要问题上说法不一，从信仰是否应该寻求人类理性的支持这一初始问题开始，直到是否应允许自杀（155）或非法同居（124）这类专门问题。这些对于相互矛盾的权威言论的系统搜集和研究，长期以来是教会法规学者［canonists］所做的工作；不过律法尽管是神授的，但毕竟是人制定的。阿贝拉表明他本人很清楚，要在天启材料中揭露出**"差异甚至矛盾之处"**（*ab invicem diversa, verum etiam invicem adversa*）纯属胆大妄为，他写道，这样做"会导致读者越是起劲地探求真理，就越质疑圣经的权威性"[49]。

67　　　　阿贝拉在他精彩的导论中制定了原典对勘［textual criticism］的基本原则（包括笔误的可能性，即便在福音书中，例如《马太福音》（第27章，9）中将撒迦利亚的预言说成是耶利米所做），之后却恶意地不提解决方案。但应该制订出解决方案，这是不可避免的，所以这项议程便成了经院哲学方法中越来越重要的，或许是最为重要的组成部分。罗杰·培根敏锐地考察到经院哲学方法的不同来源，将这种方法归结为三点："划分为许多部分，如辩证家所为；韵律和谐一致，如文法家所为；**强制性调和**（*concordiae violentes*），如法理学家所为。"[50]

　　　　通过吸收亚里士多德逻辑学，这种调和表面上的不协调之处的技术得以完善，并成为一门精致的艺术。正是这种技术决定了学院的教学形式，68　决定了上文提到的公开**答辩**仪式，尤其决定了经院写作本身的论证过程。每一个论题（例如《神学大全》中的每一**条**的内容）都必须表述为一**题**，对这个问题的讨论，开始时要列出一系列权威言论，即**"列举诸说……"**（*videtur quod...*），并与其他权威言论相对照，即**"进行对比……"**（*sed contra...*），进而做出解答，即**"回答上述说法……"**（*respondeo dicendum...*），接下来对被否定的论证逐个进行批判，即**"首先，其次，等等"**（*ad primum, ad secundum, etc.*）——所谓否定，只是就解释而言，并不是否定权威言论本身的有效性。

　　　　不用说，这条基本原理必定会形成一种精神习性，它与绝对清晰的原理一样，是决定性的、包罗万象的。尽管12、13世纪的经院学者论战起来唇枪舌剑，但他们有一点是一致的，即都承认权威言论，并以自己理解和利用这些权威言论的技能而自豪，而不是以本人思想的创新为荣。奥卡姆的威廉的唯名论要斩断理性与信仰之间的联系，他会说："关于这一点亚里士多德是怎么想的，我不在意。"[51] 当他拐弯抹角地否定自己最重要的先辈彼得·奥雷奥勒斯的影响时[52]，便使人感觉到了新时代的气息。

可以推想，盛期哥特式主教堂的建筑师们一定抱有和盛期经院哲学家相类似的态度。对这些建筑师来说，过去的伟大建筑有一种**权威性**［*auctoritas*］，十分类似于经院学者视教父为权威的情况。权威都认可的两种母题，虽看上去相互矛盾，但不能简单地偏爱一种而摒弃另一种。必须将它们做到最好，最终将它们谐调起来，就像圣奥古斯丁［St. Augustine］的言论最终要与圣安布罗斯［St. Ambrose］的言论谐调起来一样。我认为，这就在某种程度上解释了早期与盛期哥特式的发展为何看似反反复复，但仍然是执着而一致的。它向前迈进也是根据了这相同的格式："**列举诸说**"——"**进行对比**"——"**回答上述说法**"。

我想简略地用哥特式所特有的三个"难题"——或者可以说三**题**来说明这一点，它们是：西立面上的玫瑰花窗、高侧窗下的墙面构图、中堂墩柱的构成。

就我们所知，教堂西立面上一直开有普通窗户而不是玫瑰花窗，直到叙热——或许是受到了博韦圣司提反教堂北耳堂那个辉煌实例的影响——在圣德尼教堂西立面上选用了这个母题，将一个辉煌的"**否**"［*Non*］加在它的下部大窗的"**是**"［*Sic*］之上（图30）。这项革新接下来的发展困难重重，举步维艰。[53] 如果玫瑰花窗的直径相对较小甚至被简化（像桑利主教堂），两边和下面就留出了笨重的、"非哥特式"的墙面。如果这花窗加大到接近整个中堂的宽度，从内部看就会与中堂的拱顶发生冲突，并要求室外立面扶垛之间的距离尽量加宽，这就造成两侧柱子之间空间缩小，令人感到不舒服。除此之外，这种孤立的圆形单元的概念也与哥特式的一般趣味相冲突，尤其与哥特式立面的理想——将室内结构恰如其分地重现于立面上——相冲突。

所以，诺曼底和——只有极少数例外——英格兰的建筑师直截了当地拒绝了这整个想法就不足为怪了，他们简单地加大了传统窗户直至使其占满了整个可用的空间（而意大利建筑师却十分热情地接受了玫瑰花窗，因为它本质上［*au fond*］具有反哥特式的特征）。[54] 不过，王室领地和香槟地区的建筑师们感觉到，必须接受圣德尼教堂所认可的权威母题，但看看他们的窘相是十分有趣的。

巴黎圣母院（图31）的建筑师是幸运的，因为他的中堂是五堂式的。他勇敢地但不那么真诚地忽略了这一事实，建起了一个分为三部分的立面，两边与中央部分相比显得很宽，所以一切难题迎刃而解了。然而，芒特圣母院的建筑师则必须使得扶垛之间的间距大大小于中堂宽度（事实上小到技术允许的程度），但即便如此，留给侧门的空间也不宽裕。拉昂主教堂的建筑师既想要大规格的玫瑰花窗，又想要宽大的侧门，便要了一个花招。他打破了两侧扶垛的垂直线，使下层框住中央入口的一段扶垛比上层框住玫瑰花窗的一段扶垛相互靠得更近一些；然后用入口门廊这块巨大的"遮羞布"遮挡住扶垛的中断之处（图32）。最后，亚眠主教堂的建筑师们由于将中堂建得又窄又高，所以需要建两层楼廊（一层安放着国王们的雕像，另一层则没有），以填补玫瑰花窗与入口之间的空间（图33）。

兰斯建筑学派直到1240年至1250年间才找到了"最终"解决方案，在圣尼凯斯教堂达到了顶点（图34、图35）：玫瑰花窗被纳入一个巨窗的尖头拱券之内，从而好像变得很有弹性。它可以降低一些，以避免与拱顶发生冲突，其下面的空间则可以填满窗框和玻璃。这整个布局反映了中堂的横截面，但依然窗户归窗户，玫瑰花窗归玫瑰花窗。因为圣尼凯斯教堂的窗户与玫瑰花窗的组合，并不是如人们想象的那样是对首次出现于兰斯主教堂的那种双栏式花格窗（图36）的简单放大。在这样一个窗户中，顶端的图形构件并不像玫瑰花那样是离心式的，而是向心式的：它不是一只轮子，从中央轮毂放射出根根辐条，而是一个圆盘，从外缘曲线的波峰向中央汇聚。如果利贝吉尔只是将现有的母题放大，就不可能获得他最终的解决方案。他的做法是对"**列举诸说**"和"**进行对比**"的真正调和。[55]

关于高侧窗之下的墙壁设计问题（除非墙壁被独立采光的真正楼廊所取代），大体说来，罗马式风格已提供了两种不同的解决方案，一是强调二维平面和水平延续，一是强调纵深和垂直划分。为了使墙壁显得有活力，一方面，可以装饰一条连续的、间距相等的墙拱，如卡昂的圣三一［Ste.-Trinité］教堂（图37），圣马丁－博谢维尔［St.-Martin-de-Boscherville］、勒芒［Le Mans］等地的教堂，以及克吕尼－欧坦类型的那些教堂；另一方面，也可采用一系列大型拱券（大多数是每开间两个拱券，再由小柱划分，可以说构成了死窗［dead windows］）。这些拱券朝向侧堂上部的屋顶空间敞开，如山顶上的圣米迦勒［Mont-St.-Michel］教堂、克吕尼教堂、桑斯主教堂（图38）等等。

75

大约在1170年前后，努瓦永主教堂采用了真正意义上的暗楼拱廊（图39），首次将上述两种形式综合起来：将水平连续性与对幽暗纵深的强调综合起来。但是，开间之内的垂直分节完全被抑制了，而且由于高侧窗开始划分为双扇式，这种感觉就愈发强烈了。因此，在兰斯圣雷米［St.-Remi］教堂的唱诗堂中，在马恩河畔沙隆［Châlons-sur-Marne］的河谷圣母教堂［Notre-Dame-en-Vaux］中（图40），一根或数根柱子（圣雷米是两根，沙隆是一根）从暗楼拱廊的壁架处向上直达高侧窗，成为窗框，将暗楼拱廊分成三等分或二等分。但是拉昂主教堂（图18）拒绝了这种方案，进而在世纪之交前后，沙特尔主教堂（图41）和苏瓦松主教堂也未加以采用。这第一批盛期哥特式教堂省略了楼廊，双扇窗合成了独扇窗，由一分为二的板式花窗格［plate-tracery］构成，暗楼拱廊依然——毋宁说再一次——以相同的小柱进行分隔，间距完全相等。水平延续的法则占了支配地位，横

76

向的束带层［string courses］①与附墙柱相重叠，更加强了这一效果。

　　兰斯主教堂开始出现了反对这种绝对强调水平的做法。在那里，加粗了暗楼拱廊中央的小柱以便与上部的直棂相对应，所以暗楼拱廊各开间的垂直轴得到了强调（图42）。这一点做得是那么审慎，以至现代参观者可能不会注意到。但这位大师的同事们的确感觉到了这是一项革新，对此很重视：维拉尔在他画的兰斯主教堂室内立视图素描中，极大地夸张了中央小柱原本略为粗壮的比例关系，以至人们立即就会注意到它（图43）。[56]这在兰斯只是一个细微的迹象，到了亚眠则变成了鲜明而突出的特征（图44）。在这里，暗楼拱廊实际上一分为二，如马恩河畔沙隆以及桑斯的早期发展阶段：它被分割成两个独立的单元，中央小柱演变为集束式墩柱［clustered pier］②，其柱身与窗户的中央窗棂相连。

　　然而在实施过程中，建造亚眠主教堂的师傅们几乎取消了暗楼拱廊的整个观念，将每个开间划分为两个"盲窗"［blind windows］，并将均分的小柱序列变成了不同构件相交替的形式，也就是小柱与集束式墩柱相交替。他们加快了暗楼拱廊的节奏，使它独立于高侧窗的节奏，好像要抵消对垂直分节的过分强调似的。两个"盲窗"构成了暗楼拱廊的一个开间，每个盲窗都划分为三部分；而一个高侧窗则由两扇窗构成，每扇窗又一分为二。下部的束带层被美化成一条装饰带，从而进一步强调了水平元素。

　　直到蒙泰罗才最终**"回答了上述说法"**：圣德尼教堂的暗楼拱廊（图45）像苏瓦松和沙特尔的主教堂一样，是由四个同样大小的开口组成的一个连续序列，由相同类型的构件划分。不过——亚眠的特色在这里也出现了——所有这些构件现在都是集束式墩柱而不是小圆柱，中央的一根比其他粗壮些；这些柱子全部向上与四分窗户［quadrupartite window］相接，中央墩柱以三根附墙柱与主窗棂［primary mullion］相连，其他墩柱以一根附墙柱与那些次要的窗棂相连。蒙泰罗的暗楼拱廊不仅是第一个装上玻

---

① **束带层**：指横贯建筑物室内外墙面的窄条状砖石装饰带，用以强调墙面水平划分的视觉效果。——译注

② **集束式墩柱**：参见第27页脚注。——译注

璃的，而且也是第一个将沙特尔主教堂和苏瓦松主教堂（你愿意也可以举卡昂圣三一教堂和欧坦主教堂）的"**是**"与亚眠主教堂（你愿意也可以举马恩河畔沙隆和桑斯的教堂）的"**否**"相调和。现在，大附墙柱最终跨越了束带层而不怕打断暗楼拱廊的水平连续性了。这将我们引向最后的"难题"，即中堂墩柱的构成。

就我所知，真正的角柱式墩柱［*piliers cantonnés*］①最早出现在沙特尔主教堂（始建于1194年）中，不过它们还并不是由同序列的构件——一个圆柱体的柱芯和若干圆柱体的小柱——组成，但角柱式墩柱还是交替地展示了两种组合方式，一种是圆柱体的柱芯与若干八角形的小柱相结合，另一种是若干小圆柱与八角形的柱芯相结合。这后一种母题表明，沙特尔主教堂的师傅们对法国与尼德兰边境地区兴起的一场运动很熟悉，这场运动在坎特伯雷主教堂的唱诗堂中留下了最重要的痕迹。从1174年至1178年，桑斯的威廉［William of Sens］是这里的工程主管［*magister operis*］，他近乎游艺般沉迷于就某个时髦主题发明各种变体，这些主题被英国人热情接受，但在法国却几乎未被采用——即这样一种墩柱主题，浅色的石砌柱芯与全然独立的、用整块大理石制作的深色附柱［shafts］形成了对比，具有如画般的效果。[57]他还制作了一种奇幻墩柱类型的样品卡片，其中有一种类似于沙特尔主教堂中的交替柱子，柱芯为八角形，附柱为圆柱形（图46，左手第二个墩柱；图54）。

沙特尔主教堂的师傅采纳了这种观念，但以一种全然不同的精神发展了它。他将这些独立的、用整块石料制成的柱子变成了附墙小柱［engaged colonnettes］，以普通的砖石工艺砌筑而成；他每隔一对墩柱就将其八角形柱芯改成圆柱体，尤其是采用了角柱式墩柱作为整个体系的基本元素，而不是有趣味的变体。兰斯主教堂的师傅要做的首先是去除小柱与墩柱柱芯之间的形体差异，因为它们虽然好看但不合逻辑。

80

81

---

① **角柱式墩柱**：参见第27页脚注。——译注

在这一加以完善的形式中，角柱式墩柱本身便是一种"**是与否**"的解

82　决方案，因为它展示了小柱与圆柱体柱芯的结合，而这些小柱原先只用于有棱角的构件上（斜面结构［splayings］和方形墩柱）。但由于早期的暗楼拱廊形制想要超越垂直分节而偏好水平连续性，所以早期的角柱式墩柱倾向于保持着圆柱形式而非"墙壁"形式。它就像一根圆柱一样，顶端有柱头。而在复合式墩柱上，朝向中堂的小柱一直延伸至拱顶的起拱点。这就带来了一些难题，以至经历了一个迂回的发展过程，类似于在暗楼拱廊处理方面可观察到的情况。

首先，由于哥特式的柱头是与柱子直径而非柱身高度成比例的[58]，所以就有了大柱头（即墩柱柱芯的柱头）与只有它一半高的四个小柱头（小

83　柱的柱头）之间如何结合的问题。其次，更重要的是，当墩柱是单体式圆柱时，有三根——甚至五根——附墙柱在这些柱头上方再次生发出来，上升至拱顶，这就必须至少在中间的附墙柱与我简称为"中堂小柱"［nave colonnette］的柱子之间建立起可见的联系。这些"中堂小柱"也就是墩柱上的小柱子，它们朝向中堂，而不是朝向侧堂或相邻的墩柱。沙特尔主教堂的师傅为建立起这种联系而去除了"中堂小柱"的柱头，所以这些小柱便连续地上升至中央附墙柱的柱础（图47、图55）。兰斯主教堂的师傅未沿着这条思路走下去，而是返回到早期的形式[59]，让"中堂小柱"带有自己的柱头，并将注意力集中于另一个难题，即柱头高度参差不齐的问题。

84　他们给每根小柱增加了上下重叠的两个柱头，使其总高度与墩柱柱头相等，从而解决了这一难题（图48、图56）。[60]

相反，亚眠主教堂回到了沙特尔的形制，不过沿着相同的方向向前推进了一步，不仅去除了"中堂小柱"的柱头，而且去除了中央附墙柱的柱础。于是"中堂小柱"得以延续进而并入中央附墙柱，而不像沙特尔主教堂那样只是并入中央附墙柱的柱础（图49、图57）。博韦主教堂中那些年代较久的墩柱，总体上类似于亚眠主教堂的墩柱，但返回到了前亚眠的传统，恢复了中央附墙柱的柱础。这再次中断了垂直的连贯性，而装饰性叶

纹则进一步强化了这种中断效果（图58）。

不过，当博韦主教堂的唱诗堂建造之时，这个"难解之结"［Gordian knot］已经被蒙泰罗解开了，他大胆地复活了复合式墩柱，解决了所有难题，因为墩柱的大柱头和单一的"中堂小柱"已不复存在了（图50、图59）。三根高高的附墙柱是支撑主拱顶所必需的，它们可以从地坪的基座向上，直接穿过中堂拱廊的柱头，毫不间断地到达起拱点（图22）。然而，蒙泰罗认可了"**否**"而没有将它与"**是**"谐调起来。他聪明地使墩柱的次要问题服从于整个系统的主要问题，选择牺牲圆柱的基本原理，而不是宣布放弃用上文提及的墩柱柱芯来充分"代表"中堂的墙壁（图52）。就这一问题而言，曾在法国接受过训练的科隆主教堂的师傅提出了他的"**回答上述说法**"，他将亚眠主教堂的那种圆柱体的、有四根附柱的角柱式墩柱，与蒙泰罗的复合式墩柱上高高的连续附墙柱以及辅助性小柱结合了起来。[61] 但是他由此牺牲了中堂墙壁与支撑物之间的逻辑对应关系。我们在图中可看到（图53），中堂墙壁的底平面再次武断地与墩柱柱芯的底平面相交，而不是与之相重合。

对于这一切，温文尔雅的读者会像华生医生［Dr. Watson］面对福尔摩斯［Sherlock Holmes］的系统遗传学理论那样感同身受："这真是异想天开。"他会反对说，这里所描述的发展过程，充其量不过是根据黑格尔的"正、反、合"模式而来的一种自然进化，这种模式也可以用来描述其他发展进程（如15世纪佛罗伦萨绘画的发展，甚至个体艺术家的发展），也适合于描述法国中心地区的哥特式从早期到盛期的进步。不过，将法国哥特式建筑与其他类似现象区别开来的，首先是它具有非同寻常的一致性；其次是"**列举诸说**""**进行对比**""**回答上述说法**"这一基本原则是完全有意识加以应用的。

有一个小小的证据——的确十分有名，但还没有人将它置于这特定的上下文中加以考虑——它表明至少在13世纪的法国就有一些建筑师确实是在严格依据经院学者的方法思考与行事。这就是维拉尔的"画册"

［Album］，其中我们可以发现一幅"理想的"后堂平面图，根据稍后的一则题记**"两人之间的辩论"**［inter se disputando］可知，这是他与另一位师傅科尔比［Pierre de Corbie］共同设计的（图60）。[62] 那么在这里，我们就得知有两位盛期哥特式的建筑师在讨论一个**"题"**［quaestio］，涉及这一讨论的第三个人是用了专门的经院哲学术语**"答辩"**［disputare］，而不是**"交谈"**［colloqui］、**"商议"**［deliberare］等。这场**"答辩"**的结果如何？一座后堂，它好像将所有潜在的**"是"**和所有可能的**"否"**都综合了起来。它拥有双重后堂回廊，融合了一圈呈半圆形连续排列的充分发展的礼拜堂，每个礼拜堂的进深大致相等。从底平面来看，这些礼拜堂是半圆形和方形（这是西多会的方式）相交替。方形礼拜堂分别加上了拱顶，如日常所见的建造方式，而半圆形礼拜堂则与外圈后堂回廊的相邻扇形区域处于同一个拱顶之下，共用一块拱顶石，如苏瓦松主教堂及其派生性的建筑物。[63] 在这里，经院哲学的论辩术［dialectics］已驱使建筑思维到达一个临界点，在这个点上它几乎已不再是建筑思维了。

注　释

1　要追溯现代文献中对这种平行现象的研究，则需要做一项单独的研究，在这里只需提及莫里［Charles R. Morey］的《中世纪艺术》［*Mediaeval Art*］（纽约，1942年，第255—267页）中的优美篇章足矣。

2　参见克勒［W. Koehler］，《西方的拜占庭艺术》［“Byzantine Art in the West”］，载《敦巴顿橡园文集》［*Dumbarton Oaks Papers*］，第1卷，1941年，第85页及下页。

3　参见德沃夏克［M. Dvořák］，《哥特式雕刻与绘画中的理想主义与自然主义》［*Idealismus und Naturalismus in der gotischen Skulptur und Malerei*］，慕尼黑，1918年（原发表于《历史杂志》［*Historische Zeitschrift*］，第3辑，第23卷），散见于各处；潘诺夫斯基，《11—13世纪德国造型艺术》［*Deutsche Plastik des elften bis dreizehnten Jahrhunderts*］，慕尼黑，1924年，第65页及以下诸页。我们很容易看出，基督教当局很难接受这种新的亚里士多德式的观点。巴黎大学直到1215年才承认了1210年巴黎宗教会议的决议案，该案谴责了亚里士多德的《形而上学》［*Metaphysics*］和《物理学》［*Naturalia*］（甚至它的删节本）连同那些彻头彻尾的异教徒，如迪南的大卫［David of Dinant］以及阿马里［Amaury de Bène］，他们将上帝与其造物混为一谈。1231年，教皇格列高利九世［Pope Gregory IX］默认了《形而上学》，但重申了在未对《物理学》中的“错误进行审查删改”的情况下，它仍是禁书。为此目的，他甚至组织了一个班子，但到那时已时过境迁，采取的对策不能奏效了。

4　*compendium*一词（原为“秘藏物”“存储物”之意）的含义已经改变，意为“山上的捷径”（*compendia montis*），具体指文字的“节略本”（**教义摘要**［*compendium docendi*］）。在本书注释3中提到的1210年与1215年的决议案中，*summa*一词仍是按此含义使用的：“不准阅读亚里士多德关于形而上学和博物学的书，即使是摘要也不行。”据一般推测，现行意义上的第一部《神学大全》［*Summa Theologiae*］为库尔松［Robert de Courzon］于1202年所编（未能全部出版），不过普雷沃斯坦［Prévostin］和兰顿［Stephen Langton］（也活跃于巴黎）的《大全》可能还要早10年或15年；参见莱斯内［E. Lesne］的《法国基督教制度史》［*Histoire de la propriété ecclésiastique en France*］，第5卷（《从8世纪末至12世纪末的学校教育》［*Les Ecoles de la fin du VIIIe siècle à la fin du XIIe*］），里尔［Lille］，1940年，尤其参见第249、251、676页。

5　参见格罗斯泰斯特［Robert Grosseteste］、罗杰·培根［Roger Bacon］以及夏伊瑞斯伍德［William Shyreswood］的著作。

6　关于奥卡姆，参见近期盖卢伊［R. Guelluy］的著作《奥卡姆剃刀原理中的哲学与神学》［*Philosophie* et Théologie chez Guillaume d'Ockham］，卢万，1947年。关于欧特尔库的尼古拉，参见魏因贝格［J. R. Weinberg］的《欧特尔库的尼古拉，14世纪思想研究》［Nicolaus of Autrecourt, a Study in 14th Century Thought］，普林斯顿，1948年。

7　托马斯·阿奎那，《神学大全》，I—II, qu. 49, art. 3, c.。

8　伍尔夫［M. de Wulf］，《中世纪哲学史》［History of Mediaeval Philosophy］，英文第3版（梅辛格［E. C. Messenger］译），伦敦，第2卷，1938年，第9页。

9　"这里你给我去掉。"［Here's where you cut it for me.］关于这著名短语的谚语式用法（尼古拉斯·德·布里亚尔［Nicolas de Briart］，重印于莫泰特［V. Mortet］和德尚［P. Deschamps］的《建筑史文选》［Recueil de textes relatifs à l'histoire de l'architecture］，巴黎，第2卷，1929年，第290页），参见G. P.，《罗马尼亚》［Romania］，第18卷，1889年，第288页。

10　《神学大全》，I, qu. 1, art. 6, c.。

11　Ibidem, qu. 89, art. 1, c.

12　Ibidem, qu. 1, art. 8, ad 2.

13　Ibidem, qu. 2, art. 2, c.

14　Ibidem, qu. 1, art. 8, c.："既然信仰基于绝对无误的真理，并且不可能证明真理的对立面，显然，被引入以反对信仰的各种论证，就不是明证，而是各种无以解答的命题。"［Cum enim fides infallibili veritati innitatur, impossibile autem sit de vero demonstrari contrarium, manifestum est probationes quae contra fidem inducuntur, non esse demonstrations, sed solubilia argumenta.］参见于伯维希［F. Ueberweg］的《哲学史基础》［Grundriss der Geschichte der Philosophie］中所引段落，第11版，柏林，第2卷，1928年，第429页。

15　《神学大全》，qu. 32, art. 1, ad 2; qu. 27, art. 1和3。众所周知，圣奥古斯丁曾经借某个相似物［similitudo］，将三个位格之间的关系比作记忆、精神与爱之间的关系（《论三位一体》［De Trinitate］，第15卷，第41—42页，重印于《拉丁教父全集》［Patrologia Latina］，第42卷，第1088栏及以下诸栏）。

16　Ibidem, qu. 27, art. 1, ad 3等多处，如qu. 15, art. 3, ad 4。

17　这种一般性的概括当然不可能完全适用于像圣波纳文图拉这样的思想家，正如对盛期哥特式所做的一般性概括不能完全适用于布尔日［Bourges］主教堂这样的建筑一样。在这两例中我们面对的是具有重大意义的例外情况：早期的在本质上是反经院哲学的——与其相应的是反哥特式的——各种传统与倾向，是在盛期经院哲学——相对应的是盛期哥特式——的风格框架内发展起来的。正如奥古斯丁会的神秘主义（在12世纪培育起来）存活于圣波纳文图拉的理论中一样，早期基督教无耳堂的或几乎无耳堂的巴西利卡概念（如桑斯主教堂、叙热的圣德尼教堂的中堂、芒特圣母院、巴黎圣母院）也存活于布尔日主教堂中（参见克罗斯比［S. McK. Crosby］，《圣德尼大修道院教堂中新的发掘成果》［ "New Excavations in the Abbey Church of Saint Denis" ］，载《美术报》［Gazette des Beaux-Arts］，第6辑，第26卷，1944年，第61页及以下诸页，以及第115页及以下诸页）。具有典型意义的是，圣波纳文图拉的哲学和布尔日主教堂（堪称一座奥古斯丁会的教堂）就其最重要的方面来说没有后来者：即便是方济各会，无论怎样抨击托马斯主义，也不可能再保持圣波纳文图拉所固守的反亚里士多德的立场；即便是那些并不认同兰斯和亚眠主教理想的建筑师，也不可能再接受布尔日建筑师保留六肋式拱顶的做法了。

18　例如，参见登普夫［A. Dempf］，《中世纪世界观的主要形式：关于大全的人文科学研究》［Die Hauptform mittelalterlicher Weltanschauung; eine geisteswissenschaftliche Studie über die Summa］，慕尼黑与柏林，1925年。

19　波纳文图拉，《四藏言书第三部分评注》［In Lib. III Sent.］, dist., 9, art. 1, qu. 2。关于培根对这类修辞技巧的批评，参见下文第34页［此处页码即本书边码，下同］。

20　参见下文第34页及以下诸页。

21　《神学大全》，《绪言》。

22　显然是哈里的亚历山大第一个采用这种细致入微的划分章节的方法，将部分划分为"篇"和"条"；

托马斯在《神学大全》中将"部分"划分为"题"和"条"。对于经文的评注一般将部分划分为"段"，这些再分为"题"和"条"。

23　这第一部分，论述上帝以及创造的顺序，体例如下：

　　I. 论上帝的本质（qu. 2—26）；

　　　a. 论上帝是否存在（qu. 2）；

　　　　1. 上帝存在是否自明的（art. 1）；

　　　　2. 上帝的存在是否可以证明（art. 2）；

　　　　3. 上帝是否存在（art. 3）；

　　　b. 论上帝以何种方式存在，毋宁说上帝何以不存在（qu. 3—13）；

　　　　1. 上帝不是怎样的（qu. 3—11）；

　　　　2. 上帝如何为我们所认识（qu. 12）；

　　　　3. 上帝是如何被称呼的（qu. 13）；

　　　c. 论上帝的运作（qu. 14—26）；

　　　　1. 上帝的知识（qu. 14—18）；

　　　　2. 上帝的意志（qu. 19—24）；

　　　　3. 上帝的能力（qu. 25—26）；

　　II. 论三位一体诸位格的区别（qu. 27—43）；

　　　a. 论起源或运行（qu. 27）；

　　　b. 论起源的各种关系（qu. 28）；

　　　c. 论三位一体的诸位格（qu. 29—43）；

　　III. 论上帝创造万物（qu. 44—末尾）；

　　　a. 论受造物的产生（qu. 44—46）；

　　　b. 论受造物的区别（qu. 47—102）；

　　　c. 论对受造物的管理（qu. 103—末尾）。

24　教皇克雷芒六世［Pope Clement VI］所撰写的颂扬查理四世［Charles IV］的对照［Collatio］，是典型的经院颂词杰作（所罗门［R. Salomon］，《德意志历史文献·律法》［M. G. H., Leges］，IV，8，第143页及以下诸页），在比较［Comparatur］、安排［Collocatur］、证明［Approbatur］、赞扬［Sublimatur］的标题下，将查理与所罗门进行比较，每个标题又细分如下：

　　A. 比较 所罗门

　　　I. 达到所罗门之处：

　　　　a. 虔敬慷慨；

　　　　b. 智慧确信；

　　　　c. 公平坚定；

　　　　d. 仁慈甜美。

　　　II. 胜过所罗门之处：

　　　　a. 智慧清澈；

　　　　b. 富足完满；

　　　　c. 辩才声望；

　　　　d. 宁静优雅。

　　　III. 不及所罗门之处：

　　　　a. 奢侈下流；

　　　　b. 长期固执；

　　　　c. 崇拜众多偶像；

　　　d. 打仗勇敢等等，等等。

　　里德沃尔的神学论文由利贝诺茨［H. Liebeschütz］编辑，《富尔根提乌斯的隐喻》（载《瓦尔堡图书馆研究》［Studien der Bibliothek Warburg］，第4卷，莱比锡与柏林，1926年）。关于经院学者对奥维德《变形记》［Metamorphoses］的体系化（"自然的、精神的、魔法的、道德的"［naturalis, spiritualis, magica, moralis］，以及"从有生命的到无生命的，从无生命的到无生命的，从无生命的到有生命的，从有生命的到有生命的"［de re animata in rem inanimatam, de re inanimata in rem inanimatam, de re inanimata in rem animatam, de re animata in rem animatam］），参见吉萨尔贝蒂［F. Ghisalberti］，《中世纪奥维德传记文学》["Mediaeval Biographies of Ovid"]，载《瓦尔堡与考陶尔德研究院院刊》［Journal of the Warburg and Courtauld Institutes］，第9卷，1946年，第10页及以下诸页，尤其参见第42页。

25　早期的手抄本、印刷本和注释本表明了人们完全了解这一事实，即第一部其实是从第二曲开始的（所以第一部像其他两部一样都是33曲）。在1337年的特里乌尔齐亚纳抄本［Trivulziana manuscript］（L. 罗卡编，米兰，1921年）以及像施派尔的文德林［Wendelin of Speyer］的威尼斯版本那样的古版本［incunabula］中，我们看到了以下红字："他开始写第一部的第一曲，在第一部中写了整部作品的序言"［Comincia il canto primo de la prima parte nelaquale fae proemio a tutta l'opera］以及"第一部的第二曲只是第一篇叙事诗的开场白，因此也是这部作品第一部的序言"［Canto secondo dela prima parte nela quale fae proemio ala prima cantiche solamente, cioè ala prima parte di questo libro solamente］。参见拉纳［Jacopo della Lana］的评注（重印于1866年斯卡拉贝利［L. Scarabelli］的《神曲》版本，第107、118页）："在前面的两章里……他写了序言，说明了他的安排……紧接着序言之后，在这里（即在第二曲中），他向有助于他写作这部诗作的科学祈祷，就像诗人在其著作的开篇，以及演说家在市民大会上发表演讲开始时所习惯做的那样。"［In questi due primieri Capitoli... fa proemio e mostra sua disposizione... Qui (scil., in Canto 2) segue suo proema pregando la scienzia che lo aiuti a trattare tale poetria, sicome è usanza delli poeti in li principii delli suoi trattati, e li oratori in li principii delle sue arenghe.］

26　蒙森［T. E. Mommsen］（导言），《彼得拉克：十四行诗与抒情短诗》［Petrarch, Sonnets and Songs］，纽约，1946年，第xxvii页。

27　阿恩海姆［R. Arnheim］，《格式塔与艺术》["Gestalt and Art"]，载《美学与艺术批评杂志》［Journal of Aesthetics and Art Criticism］，1943年，第71页及以下诸页；散见于各处，《知觉抽象与艺术》["Perceptual Abstraction and Art"]，载《心理学评论》［Psychological Review］，第54卷，1947年，第66页及以下诸页，尤其参见第79页。

28　《神学大全》，I, qu. 5, art. 4, ad 1。

29　巴黎国立图书馆，Nouv. Acq, 1359，以及伦敦大英博物馆，Add. 11662（参见普鲁［M. Prou］，《11世纪的设计和13世纪的绘画》["Desseins du Xle siècle et peintures du XIIIe siècle"]，载《基督教艺术杂志》［Revue de l'Art Chrétien］，第23卷，1890年，第122页及以下诸页；亦参见希尔德-布尼姆［M. Schild-Bunim］，《中世纪绘画中的空间》［Space in Mediaeval Painting］，纽约，1940年，第115页）。

30　例外情况有：费康［Fécamp］主教堂（建于1168年之后）完全采用了组合式墩柱；圣勒德塞伦［St.-Leu d'Esserent］教堂（约建于1190年）的东部开间建有组合式墩柱与单柱相交替的体系；圣伊夫德布雷恩［St.-Yved-de-Braine］教堂（建于1200年之后）的后堂建有组合式墩柱；隆蓬［Longpont］的教堂建有单体圆形墩柱。

31　在拉昂主教堂中堂的第七与第九对墩柱上做的试验，对于后续的发展影响不明显；苏瓦松主教堂的圆形墩柱上只附有一根小柱，面向中堂，在我看来这是沙特尔完整的四边有小柱的角柱式墩柱的简化形式。巴黎圣母院表面上模仿了这种形制（从西面数第二对墩柱），它之所以重要是因为对13世纪中叶以后外省建筑产生了影响（参见注释61），并对亚眠与博韦主教堂中的环状支撑构建——也只是这种形式的构件——产生了影响。关于角柱式墩柱的发展，参见第79页及以下诸页。

32　一些建筑史家倾向于将兰斯主教堂和亚眠主教堂（中堂）视为哥特式风格发展的高潮阶段，他们认为，圣德尼教堂、宫廷礼拜堂［Sainte-Chapelle］、兰斯圣尼凯斯［St.-Nicaise-de-Reims］教堂或特鲁瓦圣于尔班［St.-Urbain-de-Troyes］教堂将中堂墙壁去除的激进做法是哥特式风格解体和衰退的开端（"辐射式哥特式"［Gothique rayonnant］与"古典哥特式"［Gothique classique］相对立）。这当然是定义的问题（参见弗兰克尔［P. Frankl］，《一座法国哥特式主教堂：亚眠》［"A French Gothic Cathedral: Amiens"］，载《美国艺术》［Art in America］，第35卷，1947年，第294页及以下诸页）。但情况似乎是，以它自身完美的标准来衡量，哥特式风格只有在将墙壁减少到技术允许的极限，同时也最大限度地实现了"可推论性"时，才算是实现了自身目标。我甚至怀疑上面提及的观点是否有纯文字上的根据，因为像"古典盛期哥特式"［classic High Gothic］或"古典哥特式"［Gothique classique］这样的表述，本身便无意识地暗示了希腊与罗马的而非哥特式的"古典性"造型标准。事实上，亚眠主教堂的大师们一旦熟悉了圣德尼教堂中装了玻璃的暗楼拱廊，便急不可待地采用了它（耳堂与后堂）。

33　勒迈尔［L. Lemaire］在《哥特式风格的逻辑》［"La logique du style Gothique"］一文中将维奥莱-勒迪克的解释推向了极端，该文载《新经院哲学杂志》［Revue néoscolastique］，第17卷，1910年，第234页及以下诸页。

34　亚伯拉罕，《维奥莱-勒迪克与中世纪理性主义》［Viollet-le-Duc et le rationalisme mediéval］，巴黎，1935年（参见《国际考古学与美术史研究院机关通报》［Bulletin de l'office international des Instituts d'archéologie et d'histoire de l'art］上的讨论，第2卷，1935年）。

35　E. 加尔，《早期哥特式时代的尼德兰与诺曼建筑》［Niederrheinische und normännische Architektur im Zeitalter der Frühgotik］，柏林，1915年；同一作者，《法国与德国的哥特式建筑》［Die gotische Baukunst in Frankreich und Deutschland］，第1卷，莱比锡，1925年。库布勒［G. Kubler］的《晚期哥特式肋架拱顶侧推力计算法》［"A Late Gothic Computation of Rib Vault Thrusts"］一文引用了有关亚伯拉罕争论的更多文献，此文载《美术报》［Gazette des Beaux-Arts］，第6辑，第26卷，1944年，第135页及以下诸页；此外还有：亚伯拉罕，《考古学与材料的抗拒》［"Archéologie et résistance des matériaux"］，载《现代构造》［La Construction Moderne］，第50卷，1934—1935年，第788页及以下诸页（夏皮罗［M. Schapiro］教授好意提醒我注意到此文）。

36　潘诺夫斯基编《修道院长叙热论圣德尼大修道院教堂及其艺术珍宝》［Abbot Suger on the Abbey Church of Saint-Denis and Its Art Treasures］，普林斯顿，1946年，第8、108页；关于veluti校正为voluti，参见潘诺夫斯基，《叙热补记》［"Postlogium Sugerianum"］，载《艺术通报》［Art Bulletin］，第29卷，1947年，第119页。

37　参见库布勒，前引书。

38　参见布吕内［E. Brunet］，《苏瓦松主教堂的修复》［"La restauration de la Cathédrale de Soissons"］，载《文物通报》［Bulletin Monumental］，第87卷，1928年，第65页及以下诸页。

39　参见马松［H. Masson］，《中世纪建筑中的理性主义》［"Le rationalisme dans l'architecture du Moyen-Age"］，载《文物通报》，XCIV，1935年，第29页及以下诸页。

40　例如，参见库布勒令人信服的那篇论文，上引书，或法国专家米尼奥［Mignot］对他的米兰同行的荒谬理论所做的措辞激烈而合理的驳斥，根据这种理论，"尖拱并不对扶垛产生侧推力"（参见当代学者阿克曼［J. S. Ackerman］，《"没有科学，艺术什么也不是"：米兰主教堂的哥特式建筑理论》［" 'Ars Sine Scientia Nihil Est'; Gothic Theory of Architecture at the Cathedral of Milan"］，载《艺术通报》，第31卷，1949年，第84页及以下诸页）。米兰的原典（重印于阿克曼上引文，第108页及以下诸页）证实，扶垛［contrefort］和拱扶垛［arcboutant］两个词在14世纪末时甚至在拉丁文和意大利文中都是常见词，早在15、16世纪它们就在比喻的意义上被使用了（《法兰西学院出版的法兰西语言史词典》［Dictionnaire historique de la langue française publié par l'Académie Française］，第3卷，巴黎，1888年，第575页及以下诸页；利特雷［E. Littré］，《法语词典》［Dictionnaire de la langue française］，第1卷，巴黎，1863年，第185页；帕拉耶［La Curne de la Palaye］，《古法语史词典》［Dictionnaire historique de l'ancienne langue française］，第4卷，巴黎与尼奥尔［Niort］，1877年，第227页）。术语bouterec（戈德弗鲁瓦［F.

Godefroy］，《古法语词典》［*Lexique de l'ancien Français*］，巴黎，1901年，第62页）在1388年之前就一定为人使用了，那时"buttress"一词出现在英语中，而*estribo*一词总是不断出现在库布勒所阐释的那篇论文中，上引书。

41　就拱顶的稳定性而言，飞扶垛的上层部分是多余的，有人已将它的存在解释为仅仅是"谨小慎微"的缘故（加代［J. Guadet］，《建筑理论的基本要素》［*Eléments de théorie d'architecture*］，巴黎，无出版日期，第3卷，第188页）。（科南特［K. J. Conant］将它解释为抗风措施，《关于1088—1211年间拱顶建造问题的若干研究》［"Observations on the Vaulting Problems of the Period 1088–1211"］，载《美术报》［*Gazette des Beaux-Arts*］，第6辑，第26卷，1944年，第127页及以下诸页。）

42　参见加尔，前引书，尤其参见《哥特式建筑》［*Die gotische Baukunst*］，第31页及以下诸页。

43　参见加代，前引书，第200页及以下诸页，图1076。

44　瓦萨里［G. Vasari］，《杰出的画家、雕塑家和建筑师传》［*Le Vite dei più eccellenti pittori, scultori e architetti*］第二部分前言："因为在这些圆柱中他们（即哥特式大师们）看不出那种符合艺术要求的尺寸和比例，而是以他们那种不成规则的规则将它们混为一体，根据自己觉得最适合的样子，将它们做得太粗或太细。"［Perchè nelle colonne non osservarono（*scil.*, the Gothic masters）quella misura e proporzione che richiedeva l'arte, ma a la mescolata con una loro regola senza regola faccendole grosse grosse o sottili sottili, come tornava lor meglio.］由此看来，哥特式大厦中构件的尺度并不是以人的尺度决定的，在同一座建筑中构件的比例也会变化。瓦萨里敌视哥特式，这使他的目光极其锐利。他发现了一条基本原则，将哥特式建筑与古典建筑以及文艺复兴和巴罗克建筑区分开来。参见纽曼［C. Neumann］，《1504年佛罗伦萨为米开朗琪罗的大卫像选址：关于比例问题的历史》［"Die Wahl des Platzes für Michelangelos David in Florenz im Jahr 1504; zur Geschichte des Massstabproblems"］，载《艺术科学索引》［*Repertorium für Kunstwissenschaft*］，第38卷，1916年，第1页及以下诸页；参见潘诺夫斯基，《瓦萨里名人传的第一页：关于意大利文艺复兴时期对哥特式评价之研究》［"Das erste Blatt aus dem'Libro'Giorgio Vasaris; eine Studie über die Beurteilung der Gotik in der italienischen Renaissance"］，载《施塔德勒年鉴》［*Städeljahrbuch*］，第6卷，1929年，第4页及以下诸页，尤其参见第42页及以下诸页。

45　参见克罗斯比，上引书；关于布尔日主教堂，参见以上注17。

46　直到最近人们仍相信四层布局的第一例出现于图尔奈主教堂（约1100年）。但是现已发现了两个稍早些的实例，尽管要原始得多，但这再一次证明了佛兰德斯与英格兰之间的紧密联系。一例发现于蒂克斯伯里［Tewkesbury］（建于1087年），另一例发现于珀肖尔［Pershore］（建于1090—1100年）；参见博尼，《蒂克斯伯里与珀肖尔，11世纪末的两例室内四层立视布局》［"Tewkesbury et Pershore, deux élévations à quatre étages de la fin du XIe siècle"］，载《文物通报》，1937年，第281页及以下诸页，第503页及以下诸页。

47　科隆主教堂中增加了第二侧堂（否则便完全模仿了亚眠主教堂的平面）是因小失大（在这一案例中，集中式与纵向式的平衡是大，中堂与唱诗堂的统一是小），正如在柱子处理上可观察到的情况（参见第85页及以下诸页）。

48　《神学大全》，I, qu. I, art. 8, ad 2。

49　《拉丁教父全集》，第178卷，第1339栏及以下诸栏。

50　罗杰·培根，《小著作》［*Opus minus*］，转引自费尔德［H. Felder］，《方济各会科学的研究的历史》［*Geschichte der wissenschaftlichen Studien im Franziskanerorden*］，弗赖堡，1904年，第515页："在主要供阅读和公开宣布的文本中，应主要做到以下三点，即各章节的划分，犹如艺术的创作；强制性的调和，如同法律的运用；以及和谐的节律，如同文法。"［Quae fiunt in textu principaliter legendo et praedicando, sunt tria principaliter; scilicet, divisiones per membra varia, sicut artistae faciunt, concordantiae violentes, sicut legistae utuntur, et consonantiae rhythmicae, sicut grammatici.］关于教会法规学者（沙特尔的伊沃［Ivo of Chartes］，康斯坦茨的贝尔诺［Bernold of Constance]）对于《是与否》方法所做的先期工作，参见格拉曼［M. Grabmann］，《经院哲学方法的历史》［*Die Geschichte der scholastischen Methode*］，弗赖堡，1909年，第1卷，

第234页及以下诸页；第1卷和第2卷各处。

51　奥卡姆的威廉，《即席答辩》［*Quodlibeta*］，I，qu. 10，转引自于伯维希，上引书第581页："关于这一点
　　亚里士多德是怎么想的，我不在意，因为处处看来都显得可疑。"［Quidquid de hoc senserit Aristoteles, non
　　curo, quia ubique dubitative videtur loqui.］

52　奥卡姆的威廉，《四箴言书第一卷的答辩》［*In I sent.*］，dist. 27，qu. 3，转引同上书，第574页及下
　　页："从那位博学之士说的话中我领会到的不多。我注意到他们的箴言，即便所有的轮回一同集聚，
　　也填不满一个自然的时日……我讨论物质，其余的内容几乎全都在第一书中，**此前我只是将这被人
　　们诵读的东西看作意见而已。**"［Pauca vidi de dictis illius doctoris. Si enim omnes vices, quibus respexi dicta
　　sua, simul congregarentur, non complerent spatium unius diei naturalis... quam materiam tractavi, et fere omnes alias in
　　primo libro, *antequam vidi opinionem hic recitatam.*］

53　参见孔策［H. Kunze］，《法国早期和盛期哥特式的立面问题》［*Das Fassadenproblem der französischen Früh-
　　und Hochgotik*］，斯特拉斯堡，1912年。

54　德国人普遍不喜欢在西立面上安排玫瑰花窗（除了斯特拉斯堡及其影响所及地区，与科隆等地形成对
　　照），不过当玫瑰花窗和传统窗户的组合被精致化，并装饰了明登［Minden］、奥彭海姆［Oppenheim］
　　的教堂以及勃兰登堡［Brandenburg］的圣凯瑟琳［St. Catherine］教堂立面上时，德国人接受了这种形
　　式，将它运用于厅式教堂的纵向墙壁上。

55　利贝吉尔的解决方案显然受到兰斯主教堂耳堂（建于1241年之前）的启发，那里的大型玫瑰花窗已经
　　嵌入尖头拱券之内了。但这里就整体而言尚未构成一个"窗户"。玫瑰花窗上部与下部的拱肩区域似
　　还没有装上玻璃。在玫瑰花窗和其下部的窗户之间也没有垂直的联系。

56　《维拉尔·德·奥雷科尔，评注本作品全集》［*Villard de Honnecourt, Kritische Gesamtausgabe*］（哈恩洛泽
　　［H. R. Hahnloser］编），维也纳，1935年，第165页及以下诸页，图版62。

57　参见J. 博尼，《法国对英国哥特式起源的影响》［"French Influences on the Origins of English Gothic
　　Architecture"］，载《瓦尔堡与考陶尔德研究院院刊》，第12卷，1949年，第1页及以下诸页，尤其参见
　　第8页及以下诸页。

58　例如，参见波特［A. Kingsley Porter］，《中世纪建筑》［*Medieval Architecture*］，纽黑文，1912年，第2卷，
　　第272页。这种原理偶尔也运用于罗马式建筑中，如博谢维尔圣马丁教堂或卡昂圣司提反教堂（楼
　　廊）；但它成为了"标准"，这就意味着只是模仿了桑斯主教堂。在桑斯主教堂中，三种大小不同的
　　柱头"表现了"三种不同的厚度。不过，已经出现了一种忽略细微厚度差别的倾向，以保持相邻柱头
　　之间的一致性。

59　在苏瓦松、圣勒塞伦等地，我们发现了更明显的回归坎特伯雷原初形制的现象：一个"中堂小柱"
　　带有一个柱头，高度是墩柱柱头的一半。

60　这种方法也运用于西面入口处主要与次要的小柱的柱头处理上，与亚眠主教堂的相应部分形成了有意
　　思的对比。

61　在博韦主教堂中后来建的墩柱（1284年之后）、塞埃的教堂墩柱（约1260年），以及于伊的教堂后来建
　　的墩柱（1311年以后）上，可以看到类似情况，将连续性附柱进行调整以适合于角柱式墩柱的概念。
　　不过，在后两例中，朝向拱廊和侧堂的小柱被去除，恰如这样一种想法：连续性的附墙柱并不是加在
　　通常（带有四根小柱的）角柱式的墩柱上的，而是加在（只有一根小柱的）苏瓦松式的墩柱上的。参
　　见注释31。

62　维拉尔，上引书，第69页以下，图版2；题记为"这座教堂东端部分是在维拉尔与科尔比两人之
　　间进行了辩论之后画出的"［Istud bresbiterium inuenerunt Ulardus de Hunecort et Petrus de Corbeia inter se
　　disputando］。这段文字是维拉尔的一名弟子加上去的，他被称作"师傅2"［Master 2］。

63　独立建拱顶的礼拜堂与苏瓦松式的那种与外圈后堂回廊相邻扇形区域共用拱顶石的礼拜堂相交替的情
　　况，可在沙特尔主教堂中看到，这只是表面上的相似而已。在沙特尔，这种布局形成的原因是必须重

新利用11世纪唱诗堂以及它的三个又宽又深的独立礼拜堂的地基。但是在沙特尔，苏瓦松式的礼拜堂实际上只是外圈后堂回廊的浅浅突出部分，所以全部七块拱顶石可置于同一周界上。在维拉尔和皮埃尔的理想平面图上，这些礼拜堂充分发展为各个单元，它们的拱顶石并不位于中心点，而是落在外圈后堂回廊相邻扇形区域的外围。

延伸阅读

1. 亨利·亚当斯［Henry Adams］:《圣米迦勒山与沙特尔》［*Mont Saint Michel and Chartres*］，波士顿，霍顿·米夫林公司［Houghton Mifflin Co.］，1904年

2. 罗伯特·巴伦［Robert Barron］:《石头与玻璃建成的天堂：体验宏大主教堂的精神》［*Heaven in Stone and Glass: Experiencing the Spirituality of the Great Cathedrals*］，纽约，十字路出版公司［Crossroad Publishing Co.］，2000年

3. 诺曼·F. 坎托［Norman F. Cantor］:《发明中世纪：20世纪伟大的中世纪学者的生平、作品和观念》［*Inventing the Middle Ages: The Lives, Works, and Ideas of the Great Medievalists of the Twentieth Century*］，纽约，威廉·莫罗公司［William Morrow］，1991年

4. G. K. 切斯特顿［G. K. Chesterton］:《圣托马斯·阿奎那》［*Saint Thomas Aquinas*］，纽约，希德·沃德公司［Sheed & Ward］，1933年

5. 欧文·拉文［Irving Lavin］编:《视觉艺术中的意义：外部的眼光——欧文·潘诺夫斯基百年纪念（1892—1968）》［*Meaning in the Visual Arts: Views from the Outside: A Centennial Commemoration of Erwin Panofsky (1892–1968)*］，普林斯顿，高级研究院，1995年

6. C. S. 刘易斯［C. S. Lewis］:《被抛弃的图像：中世纪与文艺复兴文学导论》［*The Discarded Image: An Introduction to Medieval and Renaissance Literature*］，剑桥，剑桥大学出版社，1964年

7. 欧文·潘诺夫斯基［Erwin Panofsky］:《视觉艺术中的意义：美术史及美术史学论文选》［*Meaning in the Visual Arts: Papers in and on Art History*］，花园城［Garden City］，纽约州，道布尔迪公司［Doubleday & Co.］，1955年

译名对照表

人名

Abelard　阿贝拉

Abraham, Pol　亚伯拉罕

Ackerman, J. S.　阿克曼

Albert the Great　大阿尔伯特

Albright, William Foxwell　奥尔布赖特

Alexander of Hales　哈里的亚历山大

Amaury de Bène　阿马里

Ambrose, St.　圣安布罗斯

Anselm of Bec　贝克的安瑟伦

Aquinas, St. Thomas　圣托马斯·阿奎那

Aristotelian　亚里士多德派

Arnheim, R.　阿恩海姆

Aubert, Marcel　奥贝尔

Augustine, St.　圣奥古斯丁

Aureolus, Peter　奥雷奥勒斯

Averroists　阿威罗伊派

Bacon, Roger　罗杰·培根

Berengar of Tours　图尔的贝伦加

Bernard, St.　圣贝尔纳

Bernold of Constance　康斯坦茨的贝尔诺

Bonaventure, St.　圣波纳文图拉

Bony, J.　博尼

Brunet, E.　布吕内

Bruno, Brother, O. S. B　本笃会修士布鲁诺

Cavalcanti, Guido　卡瓦尔坎蒂

Charles IV　查理四世

Chelles, Jean de　切莱斯

Choisy　舒瓦西

Clement VI, Pope　教皇克雷芒六世

Conant, K. J.　科南特

Copernicus　哥白尼

Corbie, Pierre de　科尔比

Courzon, Robert de　库尔松

Crosby, S. McK.　克罗斯比

d'Orbais, Jean　道尔巴斯

Damian, Peter　达米安

Dante　但丁

David of Dinant　迪南的大卫

Dawson, Christopher　道森

Dehio　德希奥

Dempf, A.　登普夫

Descartes　笛卡尔

Deschamps, P.　德尚

Drogo of Paris　巴黎的德罗戈

Duccio　杜乔

Dürer, Albrecht　丢勒

Dvořák, M.　德沃夏克

Eckhart, Master　埃克哈特大师

Einstein, Albert　爱因斯坦

Ellis, Monsignor John Tracy　埃利斯阁下

Felder, H.　费尔德

Focillon, Henri　福西永

Frankl, P.　弗兰克尔

Galileo　伽利略

Gall, Ernst　加尔

Ghisalberti, F.　吉萨尔贝蒂

Gilbert de la Porrée　吉尔伯特

Giotto　乔托

Godefroy, F.　戈德弗鲁瓦

Grabmann. M.　格拉布曼

Gregory IX, Pope　教皇格列高利九世

Grosseteste, Robert　格罗斯泰斯特

Guadet, J.　加代

Guelluy, R.　盖卢伊

Hildebert of Lavardin　拉瓦尔丹的希尔德贝特

Holmes, Sherlock　福尔摩斯

Ivo of Chartres　沙特尔的伊沃

John of Ruysbroeck　吕斯布鲁克的约翰

John the Scot　爱尔兰人约翰（约翰·司各特·伊利金纳）

Keaton, Buster　基顿

Koehler, W.　克勒

Kunze, H.　孔策

Lana, Jacopo della　拉纳

Lanfranc　朗弗朗

Langton, Stephen　兰顿

Latini, Brunetto　拉蒂尼

Lemaire, L.　勒迈尔

Leonardo da Vinci　莱奥纳尔多·达·芬奇

Lesne, E.　莱斯内

Libergier, Hugues　利贝吉尔

Liebeschütz, H.　利贝许茨

Littré, E.　利特雷

Louis, St.　圣路易

Loup, Jean le　洛普

Luzarches, Robert de　卢萨切斯

Manegold of Lautenbach　洛唐巴克的马尼戈

Manet　马奈

Mann, Thomas　托马斯·曼

Marbod of Rennes　雷恩的马尔博

Maritain, Jacques　马里坦

Masson, H.　马松

Mignot　米尼奥

Mommsen, T. E.　蒙森

Montereau, Pierre de　蒙泰罗

Morey, Charles R.　莫里

Morse, Samuel F. B.　莫尔斯

Mortet, V.　莫泰特

Neumann, C.　纽曼

Newton　牛顿

Nicholas of Autrecourt　欧特尔库的尼古拉

Nicholas of Cusa　库萨的尼古拉

nominalist　唯名论者

Ovid　奥维德

Palaye, La Curne de la　帕拉耶

Petrarch　彼得拉克

Philip I, King　国王腓力一世

Porter, A. Kingsley　波特

Prévostin　普雷沃斯坦

Prou, M.　普鲁

Ridewall　里德沃尔

Robert of Melun　默伦的罗伯特

Roscellinus　洛色林

Salomon, R.　所罗门

Scarabelli, L.　斯卡拉贝利

Schapiro, M.　夏皮罗

Schild-Bunim, M.　希尔德－布尼姆

Scotists　司各特派

Scotus, Duns　邓司·司各特

Shyreswood, William　夏伊瑞斯伍德

Sluter, Claus　斯吕特

Suger　叙热

Suso　苏索

Tauler　陶勒

Tewkesbury　蒂克斯伯里

Thomists　托马斯派

Ueberweg, F.　于伯维希

Vasari　瓦萨里

Villard de Honnecourt　维拉尔

Viollet-le-Duc　维奥莱－勒迪克

Weinberg, J. R.　魏因贝格

Wendelin of Speyer　施派尔的文德林

Weyden, Roger van der　维登

William of Auvergne　奥弗涅的威廉

William of Ockham　奥卡姆的威廉

William of Sens　桑斯的威廉

Wulf, M. de　伍尔夫

建筑术语

abbey　大修道院

altar　祭坛

alternating system　交替式体系

ambulatory　后堂回廊

apse　半圆形后堂

arch　拱券

archivolt　拱门饰

articulated pier　分节式墩柱

barrel vault　筒形拱顶

basilica and the central plan type　巴西利卡式与
　集中式平面形制

Bauhütten　建筑工房

bay　开间

blind arcade　盲拱廊

buttress　扶垛

canopy　华盖

cathedral　主教堂

centering　拱膺架

chancel　圣坛

chapel　礼拜堂

choir　唱诗堂

clerestory　高侧窗

clustered pier　集束式墩柱

column　圆柱

compound pier　复合式墩柱

core of the pier　墩柱本体

diagonal rib　对角拱肋

dome　圆顶

flying buttress　飞扶垛

fore-choir　前唱诗堂

groin vault　交叉拱顶

half-dome　半圆顶

hall church　厅堂式教堂

inner profile　内拱缘

longitudinal　纵向式

monocylindrical pier　单体圆形墩柱

mullion　直棂

nave　中堂

outer profile　外拱缘

parish church　教区教堂

pediment　山花

Perpendicular architecture　垂直式建筑

pier　墩柱

pilier cantonné　角柱式墩柱

plate-tracery　板式花窗格

quadrupartite vault　四肋拱顶

quadrupartite window　四分窗户

rib　肋拱

rib vault　肋架拱顶

rond-point　环岛形结构

sanctuary　至圣所

shaft　附墙柱

side aisle　侧堂

sixpartite vault　六肋拱顶

socle　座石

string course　束带层

tracery　窗花格

transept　耳堂

transverse　横隔拱

Travée　开间

triforia　暗楼拱廊

tripartite nave　三堂式中堂

tunnel vault　隧道式拱顶

tympanum　山花壁面

undivided transept　单堂式耳堂

uniform travée　统一的开间

图版目录

图1 建筑师利贝吉尔（去世于1263年）的墓碑，兰斯主教堂

图2 欧坦主教堂，西门，约1130年

图3 巴黎圣母院，西立面中央入口（多次修复），约1215—1220年

图4 法王亨利一世授予田园圣马丁修道院特权，书籍插图，约1079—1096年间，伦敦大英博物馆，ms. Add. 1162, fol. 4

图5 法王亨利一世授予田园圣马丁修道院特权，书籍插图，约1250年间，巴黎国立图书馆，ms. Nouv. Acq. lat. 1359, fol. 1

图6 法王腓力一世授予田园圣马丁修道院特权，书籍插图，约1079—1096年间，伦敦大英博物馆，ms. Add. 1162, fol. 5v

图7 法王腓力一世授予田园圣马丁修道院特权，书籍插图，约1250年间，巴黎国立图书馆，ms. Nouv. Acq. lat. 1359，fol. 6

图8 马利亚·拉赫大修道院教堂，西北面外景，1093—1156年

图9 皮尔纳（萨克森），马利亚教堂，室内景，始建于1502年

图10 克吕尼大修道院第三教堂平面图，1088—约1120年；前廊约1120—约1150年（根据科南特《克吕尼第三教堂》复制，载《中世纪研究文集·纪念A.金斯利·波特》，剑桥，1939年）

图11 亚眠主教堂，始建于1220年

图12 桑斯主教堂，建于约1140—约1168年（根据恩斯特·加尔《法国与德国的哥特式建筑》一书复制，莱比锡，1925年）

图13 拉昂主教堂，平面图，约始建于1160年

图14 拉昂主教堂，西南面室外景，约始建于1160年

图15 兰斯主教堂，西北面室外景，始建于1211年

图16 亚眠主教堂，东南面室外景，始建于1220年

图17 莱赛（诺曼底），大修道院教堂，室内景，11世纪末

图18 拉昂主教堂，唱诗堂内景，始建于1205年之后，依据约1160年设计的立视图建造

图19 沙特尔主教堂，中堂内景，始建于1194年之后不久

图20 兰斯主教堂，中堂内景，始建于1211年

图21 亚眠主教堂，中堂内景，始建于1220年

图22 圣德尼大修道院教堂，中堂内景，始建于1231年

图23 卡昂，圣司提反教堂，北耳堂拱顶，约1110年（据加尔上引书复制）

图24 苏瓦松主教堂，南侧廊拱顶，处于第一次世界大战后的修复之中，始建于13世纪初

图25 苏瓦松主教堂中堂北墙剖面，损毁于第一次世界大战期间，13世纪初

图26 沙特尔主教堂，中堂飞扶垛，设计确定于1194年之后不久

图27 兰斯主教堂，北耳堂右门上的马利亚像，约1211—1212年

图28 达勒姆主教堂，隐藏的飞扶垛，11世纪末（根据R. W. 比林斯《达勒姆主教堂的建筑插图与说明》复制，伦敦，1843年）

图29 兰斯主教堂，露天中堂飞扶垛，设计约确定于1211年

图30 圣德尼大修道院教堂西立面，献祭于1140年（根据A. 鲁阿格与E. 鲁阿格的一幅雕刻铜版画复制，此画作于1833—1837年修复工程之前）

图31 巴黎圣母院西立面，始建于1200年之后不久，高侧窗完成于约1220年

图32 拉昂主教堂，西立面，约设计于1160年；约始建于1190年

图33 亚眠主教堂，西立面，始建于1220年；高侧窗完成于1236年；玫瑰花窗完成于约1500年

图34 兰斯，圣尼凯斯教堂（已毁），西立面，约1230—1263年；玫瑰花窗约修复于1550年（根据N.德·松的一幅雕刻铜版画复制）

图35 兰斯，圣尼凯斯教堂（已毁），西立面玫瑰花窗（部分修复）

图36 兰斯主教堂，中堂窗户，约设计于1211年

图37 卡昂，圣三一教堂，暗楼，约1110年

图38 桑斯主教堂，暗楼拱廊，将近1150年

图39 努瓦永主教堂，中堂楼廊和暗楼拱廊，设计约确定于1170年；东部开间建造于1170—1185年，其余部分稍后

图40 马恩河畔沙隆，河谷圣母教堂唱诗堂的楼廊及暗楼拱廊，约1185年

图41 沙特尔主教堂，中堂暗楼拱廊，设计约确定于1194年

图42 兰斯主教堂，中堂暗楼拱廊，设计约确定于1211年

图43 维拉尔，兰斯主教堂室内立视图，素描，约1235年，巴黎国立图书馆（局部放大）

图44 亚眠主教堂，中堂暗楼拱廊，设计约确定于1220年

图45 圣德尼大修道院教堂，中堂暗楼拱廊，设计约确定于1231年

图46 坎特伯雷主教堂，唱诗堂墩柱，1174—1178年

图47 沙特尔主教堂，中堂墩柱柱头，设计约确定于1194年

图48 兰斯主教堂，中堂墩柱柱头，设计约确定于1211年

图49 亚眠主教堂，中堂墩柱柱头，设计约确定于1220年

图50 圣德尼大修道院教堂，中堂墩柱柱头，设计约确定于1231年

图51 亚眠主教堂，与墙壁及拱肋相关联的墩柱截面图，设计约确定于1220年

图52 圣德尼大修道院教堂，与墙壁及拱肋相关联的墩柱截面图，设计约确定于1231年

图53 科隆主教堂，与墙壁及拱肋相关联的墩柱截面图，设计约确定于1248年

图54 坎特伯雷主教堂，墩柱柱头，1174—1178年（示意图）

图55 沙特尔主教堂，墩柱柱头，设计确定于1194年之后不久（示意图）

图56 兰斯主教堂墩柱柱头，设计约确定于1211年（示意图）

图57 亚眠主教堂墩柱柱头，设计约确定于1220年（示意图）

图58 博韦主教堂墩柱柱头，设计约确定于1247年（示意图）

图59 圣德尼大修道院教堂墩柱柱头，设计约确定于1231年（示意图）

图60 维拉尔，理想的后堂平面图，与科尔比讨论后所作，素描，约1235年，巴黎国立图书馆

图 版

在圣味增爵大修道院档案馆保存的潘诺夫斯基关于此书出版事宜的通信中，提及他在温默讲座中使用的许多插图是从同事和朋友那里借的，在此书第一版问世后这些图片便物归原主了，随后的图版重印是从此书第一版翻印的。圣味增爵原版的印版已不复存在。*

---

* 由于1951年英文版书中图片质量较差，此次中译本进行了更新，个别图注做了相应调整。

图1 建筑师利贝吉尔（去世于1263年）的墓碑，兰斯主教堂

图2　欧坦主教堂，西门，约1130年

图3　巴黎圣母院，西立面中央入口（多次修复），约1215—1220年

图4　法王亨利一世授予田园圣马丁修道院特权，书籍插图，约1079—1096年间，
伦敦大英博物馆，ms. Add. 1162，fol. 4

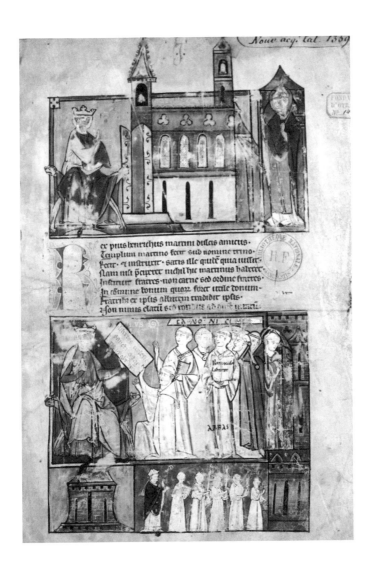

图5 法王亨利一世授予田园圣马丁修道院特权，书籍插图，约1250年间，
巴黎国立图书馆，ms. Nouv. Acq. lat. 1359, fol. 1

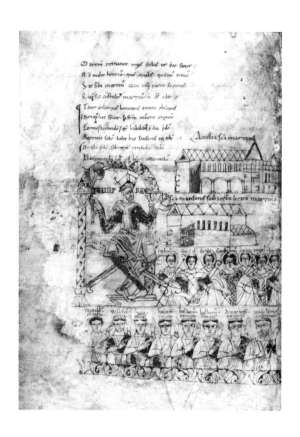

图6　法王腓力一世授予田园圣马丁修道院特权，书籍插图，约1079—1096年间，
伦敦大英博物馆，ms. Add. 1162, fol. 5v

图7　法王腓力一世授予田园圣马丁修道院特权，书籍插图，约1250年间，
巴黎国立图书馆，ms. Nouv. Acq. lat. 1359，fol. 6

图8　马利亚·拉赫大修道院教堂，西北面外景，1093—1156年

图9　皮尔纳（萨克森），马利亚教堂，室内景，始建于1502年

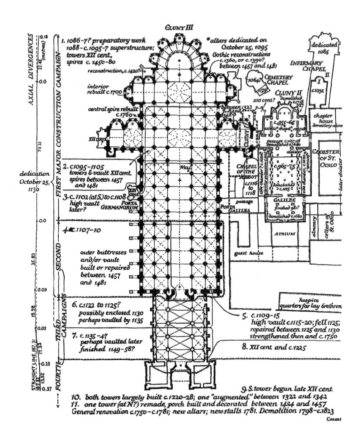

图10　克吕尼大修道院第三教堂平面图，1088—约1120年；
前廊约1120—约1150年（根据科南特《克吕尼第三教堂》复制，
载《中世纪研究文集·纪念A.金斯利·波特》，剑桥，1939年）

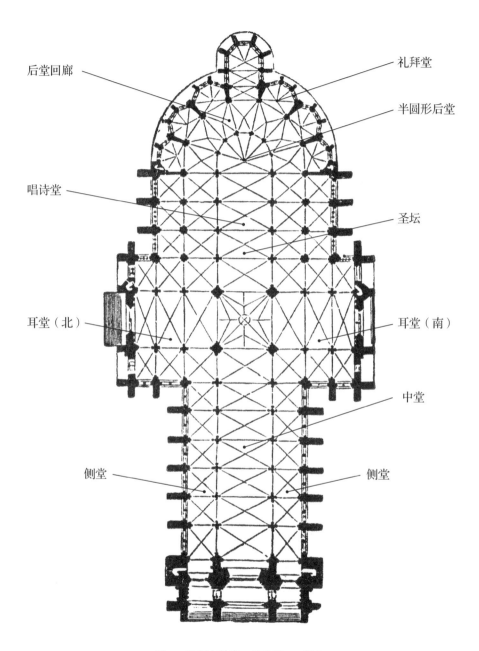

后堂回廊

礼拜堂

半圆形后堂

唱诗堂

圣坛

耳堂（北）

耳堂（南）

中堂

侧堂

侧堂

图11　亚眠主教堂，始建于1220年*

---

*　此平面图中的文字说明为译者所加，参见本书第25页的译注。

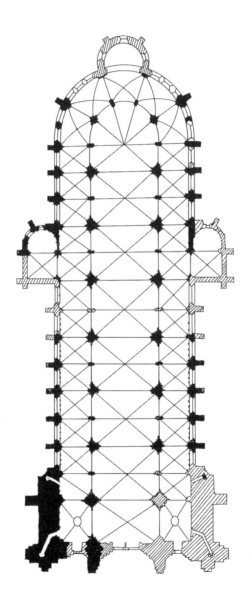

图12　桑斯主教堂，建于约1140—约1168年（根据恩斯特·加尔
《法国与德国的哥特式建筑》一书复制，莱比锡，1925年）

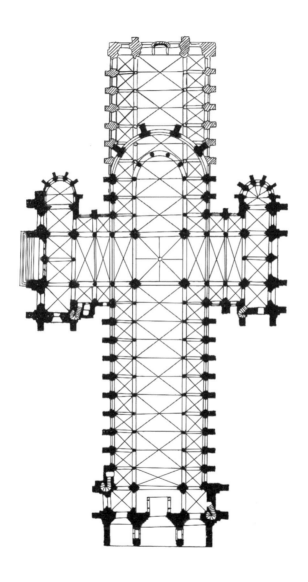

图13　拉昂主教堂，平面图，约始建于1160年

图14　拉昂主教堂，西南面室外景，约始建于1160年

图15　兰斯主教堂，西北面室外景，始建于1211年

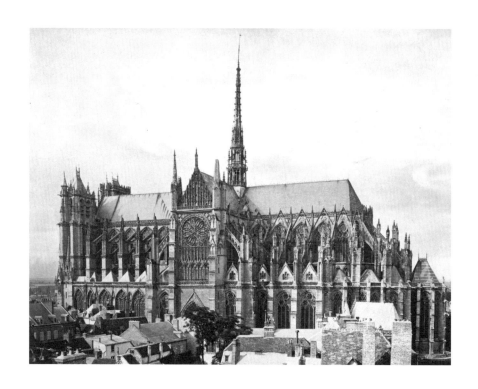

图16　亚眠主教堂，东南面室外景，始建于1220年

图17 莱赛（诺曼底），大修道院教堂，室内景，11世纪末

图18　拉昂主教堂，唱诗堂内景，始建于1205年之后，依据约1160年设计的立视图建造

图19　沙特尔主教堂，中堂内景，始建于1194年之后不久

图20　兰斯主教堂，中堂内景，始建于1211年

图21 亚眠主教堂，中堂内景，始建于1220年

图22　圣德尼大修道院教堂，中堂内景，始建于1231年

图23　卡昂，圣司提反教堂，北耳堂拱顶，约1110年（据加尔上引书复制）

图24 苏瓦松主教堂，南侧廊拱顶，处于第一次世界大战后的修复之中，始建于13世纪初

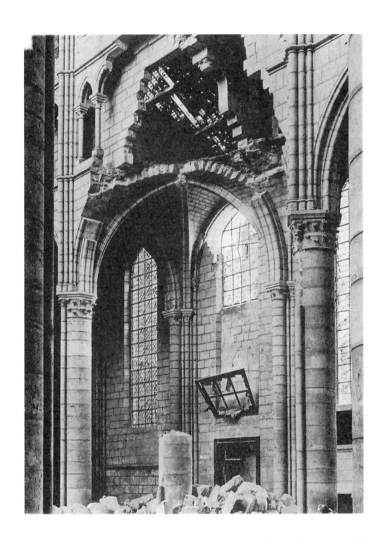

图25　苏瓦松主教堂中堂北墙剖面，损毁于第一次世界大战期间，13世纪初

图26　沙特尔主教堂，中堂飞扶垛，设计确定于1194年之后不久

图27　兰斯主教堂，北耳堂右门上的马利亚像，约1211—1212年

图28　达勒姆主教堂，隐藏的飞扶垛，11世纪末（根据R. W. 比林斯
《达勒姆主教堂的建筑插图与说明》复制，伦敦，1843年）

图29　兰斯主教堂，露天中堂飞扶垛，设计约确定于1211年

图30　圣德尼大修道院教堂西立面，献祭于1140年（根据A. 鲁阿格与E. 鲁阿格的
　　　一幅雕刻铜版画复制，此画作于1833—1837年修复工程之前）

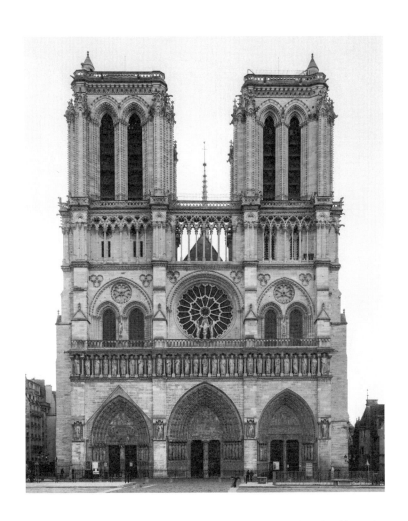

图31　巴黎圣母院西立面，始建于1200年之后不久，高侧窗完成于约1220年

图32　拉昂主教堂，西立面，约设计于1160年；约始建于1190年

图33　亚眠主教堂，西立面，始建于1220年；高侧窗完成于1236年；
玫瑰花窗完成于约1500年

图34　兰斯，圣尼凯斯教堂（已毁），西立面，约1230—1263年；
玫瑰花窗约修复于1550年（根据N.德·松的一幅雕刻铜版画复制）

图35 兰斯，圣尼凯斯教堂（已毁），
西立面玫瑰花窗（部分修复）

图36 兰斯主教堂，中堂窗户，
约设计于1211年

图37　卡昂，圣三一教堂，暗楼，约1110年

图38　桑斯主教堂，暗楼拱廊，将近1150年

图39　努瓦永主教堂，中堂楼廊和暗楼拱廊，设计约确定于1170年；
东部开间建造于1170—1185年，其余部分稍后

图40　马恩河畔沙隆，河谷圣母教堂唱诗堂的楼廊及暗楼拱廊，约1185年

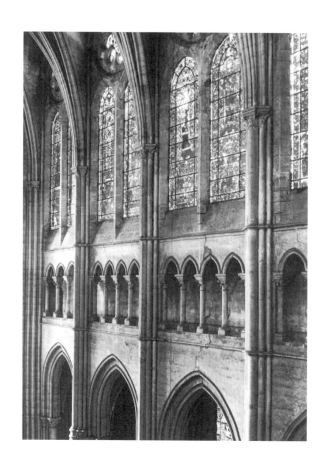

图41　沙特尔主教堂，中堂暗楼拱廊，设计约确定于1194年

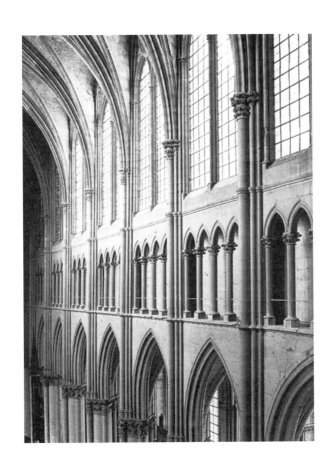

图42　兰斯主教堂，中堂暗楼拱廊，设计约确定于1211年

图43　维拉尔，兰斯主教堂室内立视图，素描，约1235年，
巴黎国立图书馆（局部放大）

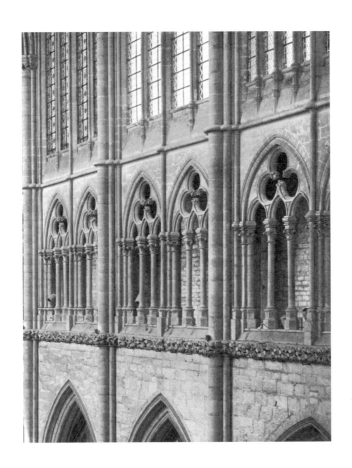

图44　亚眠主教堂，中堂暗楼拱廊，设计约确定于1220年

图45　圣德尼大修道院教堂，中堂暗楼拱廊，设计约确定于1231年

图46 坎特伯雷主教堂,唱诗堂墩柱,1174—1178年

图47   沙特尔主教堂，中堂墩柱柱头，
　　　　设计约确定于1194年

图48   兰斯主教堂，中堂墩柱柱头，
　　　　设计约确定于1211年

图49   亚眠主教堂，中堂墩柱柱头，
　　　　设计约确定于1220年

图50   圣德尼大修道院教堂，中堂墩柱柱头，
　　　　设计约确定于1231年

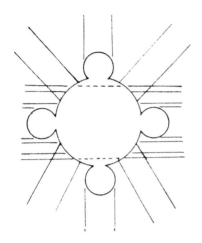

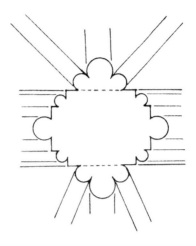

图51　亚眠主教堂，与墙壁及拱肋相关联的墩柱截面图，设计约确定于1220年

图52　圣德尼大修道院教堂，与墙壁及拱肋相关联的墩柱截面图，设计约确定于1231年

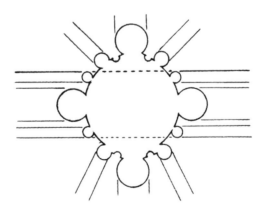

图53　科隆主教堂，与墙壁及拱肋相关联的墩柱截面图，设计约确定于1248年

图54　坎特伯雷主教堂，墩柱柱头，
　　　1174—1178年（示意图）

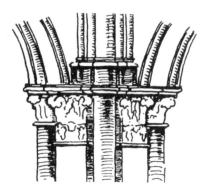

图55　沙特尔主教堂，墩柱柱头，设计
　　　确定于1194年之后不久（示意图）

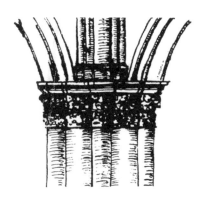

图56　兰斯主教堂墩柱柱头，设计约
　　　确定于1211年（示意图）

图57　亚眠主教堂墩柱柱头，设计约
　　　确定于1220年（示意图）

图58　博韦主教堂墩柱柱头，
设计约确定于1247年（示意图）

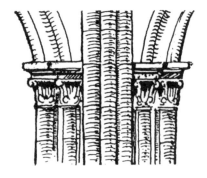

图59　圣德尼大修道院教堂墩柱柱头，
设计约确定于1231年（示意图）

图60 维拉尔，理想的后堂平面图，与科尔比讨论后所作，
素描，约1235年，巴黎国立图书馆

"何香凝美术馆·艺术史名著译丛"已出版书目

（按出版时间排序）

《论艺术与鉴赏》

〔德〕马克斯·J.弗里德伦德尔/著　邵　宏/译　田　春/校

《美术学院的历史》

〔英〕尼古拉斯·佩夫斯纳/著　陈　平/译

《艺术批评史》

〔意〕廖内洛·文杜里/著　邵　宏/译

《美术史的实践和方法问题》

〔奥〕奥托·帕希特/著　薛　墨/译　张　平/校

《造假：艺术与伪造的权术》

〔英〕伊恩·海伍德/著　殷凌云　毕　夏/译　郑　涛/校

《瓦尔堡思想传记》

〔英〕E.H.贡布里希/著　李本正/译

《历史及其图像：艺术及对往昔的阐释》

〔英〕弗朗西斯·哈斯克尔/著　孔令伟/译　杨思梁　曹意强/校

《乔托的几何学遗产：科学革命前夕的美术与科学》

〔美〕小塞缪尔·Y.埃杰顿/著　杨贤宗　张　茜/译

《造型艺术中的形式问题》

〔德〕阿道夫·希尔德勃兰特/著　潘耀昌/译

《时间的形状：造物史研究简论》

〔美〕乔治·库布勒/著　郭伟其/译　邵　宏/校

《制造鲁本斯》

〔美〕斯韦特兰娜·阿尔珀斯/著　龚之允/译　贺巧玲/校

《土星之命：艺术家性格和行为的文献史》

〔美〕玛戈·维特科夫尔　鲁道夫·维特科夫尔/著　陆艳艳/译　尹雅雯/校

《批评的艺术史家》

〔英〕迈克尔·波德罗/著　杨振宇/译　杨思梁　曹意强/校

《描绘的艺术：17世纪的荷兰艺术》

〔美〕斯韦特兰娜·阿尔珀斯/著　王晓丹/译　杨振宇/校

"何香凝美术馆·艺术史名著译丛"已出版书目
（按出版时间排序）

————————

《莱奥纳尔多·达·芬奇：自然与人的惊世杰作》
〔英〕马丁·肯普/著　刘国柱/译

《词语、题铭与图画：视觉语言的符号学》
〔美〕迈耶·夏皮罗/著　沈语冰/译

《意大利绘画中的手法主义和反手法主义》
〔美〕瓦尔特·弗里德伦德尔/著　王安莉/译　杨贤宗/校

《构图的发现：绘画中的视觉秩序理论（1400—1800）》
〔德〕托马斯·普特法肯/著　洪潇亭/译

《绝对的资产阶级：1848至1851年法国的艺术家与政治》
〔英〕T. J.克拉克/著　赵　炎/译

"欧文·潘诺夫斯基专辑"已出版书目
（按出版时间排序）

————————

《哥特式建筑与经院哲学》
陈　平/译

《风格三论》
李晓愚/译

《视觉艺术中的意义》
邵　宏/译　严善錞/校

《西方艺术中的文艺复兴与历次复兴》
杨贤宗/译　徐一维/校

《图像学研究：文艺复兴时期艺术的人文主题》（修订本）
范景中　戚印平/译　李彦岑/校

图书在版编目（CIP）数据

哥特式建筑与经院哲学 /（美）欧文·潘诺夫斯基（Erwin Panofsky）著；陈平译 . —北京：商务印书馆 , 2021（2024.3 重印）

（何香凝美术馆·艺术史名著译丛）

ISBN 978－7－100－18667－4

Ⅰ.①哥⋯ Ⅱ.①欧⋯ ②陈⋯ Ⅲ.①哥特式建筑—建筑艺术②经院哲学—研究 Ⅳ.① TU-098.2 ② B503.2

中国版本图书馆 CIP 数据核字（2020）第106958号

哥 特 式 建 筑 与 经 院 哲 学

〔美〕欧文·潘诺夫斯基　著
陈 平 译

商 务 印 书 馆 出 版
（北京王府井大街36号　邮政编码 100710）
商 务 印 书 馆 发 行
苏州市越洋印刷有限公司印刷
ISBN　978－7－100－18667－4

2021年4月第1版　　　　开本 670×970　1/16
2024年3月第2次印刷　　印张 8¾

定价：68.00元